ゼロからはじめる【ズーム】

Zoom 基本&便利技

マイカ 著

技術評論社

CONTENTS

第 1 章 Zoom の基本をマスターしよう

Section 01 Zoomってなに? …… 08
Section 02 Zoomを使うために必要なシステムを知ろう …… 10
Section 03 Zoomを使うために必要な機材を知ろう …… 12
Section 04 アカウントタイプの違いを知ろう …… 14
Section 05 Zoomをインストールしよう …… 16
Section 06 アカウントを登録しよう …… 18
Section 07 アプリの画面と機能を知ろう …… 20
Section 08 スピーカーとマイクのテストをしよう …… 22
Section 09 パソコン版とモバイル版の違いを知ろう …… 24

第 2 章 Zoom ミーティングに参加しよう

Section 10 URLをクリックして参加しよう …… 26
Section 11 ミーティングIDとパスワードで参加しよう …… 28
Section 12 ビデオオン/オフの設定をしよう …… 30
Section 13 自分がどう映るか確認しよう …… 32
Section 14 バーチャル背景を設定しよう …… 34
Section 15 表示方法を変えよう(ギャラリー/スピーカー) …… 36
Section 16 ミーティングで発言しよう …… 38
Section 17 チャットで話そう …… 40
Section 18 自分の声をミュートしよう …… 42

Section 19 映像をオフにしよう 44
Section 20 ミーティングから退出しよう 46

第3章 Zoomでミーティングを開こう

Section 21 ミーティングを予約しよう 48
Section 22 ミーティングを開始しよう 50
Section 23 メンバーを招待しよう 52
Section 24 ミーティングを録画しよう 54
Section 25 パソコンの画面を共有しよう 56
Section 26 iPad/iPhoneの画面を共有しよう 58
Section 27 ホワイトボードを使って話をしよう 60
Section 28 字幕を表示しよう 62
Section 29 ブレイクアウトルームを使おう 64
Section 30 ファイルを共有しよう 66
Section 31 ミーティングを終了しよう 68

第4章 スマートフォンでZoomを使おう

Section 32 アプリをインストールしよう 70
Section 33 サインインしよう 72
Section 34 ミーティングに参加しよう 74
Section 35 ミーティングを開こう 76

CONTENTS

Section 36 ファイルを共有しよう …… 78
Section 37 ホワイトボードを使おう …… 80
Section 38 バーチャル背景を使おう …… 82

第5章
もっとZoomを使いこなそう

Section 39 別のアカウントに切り替えよう …… 86
Section 40 ミーティング中に名前を変更しよう …… 88
Section 41 「手を挙げる」ボタンで意見を述べよう …… 90
Section 42 チャット機能を制限しよう …… 92
Section 43 ファイル送信機能を制限しよう …… 94
Section 44 参加者のパソコンを操作しよう …… 96
Section 45 参加者の音声を遠隔操作でミュートしよう …… 98
Section 46 参加者の1人を大きく表示する …… 100
Section 47 ミーティングの様子をYouTubeにライブ配信しよう …… 102
Section 48 オンラインセミナーを開催しよう …… 104

第6章
外部ツールと連携してZoomを使おう

Section 49 ZoomとSlackを連携しよう（チャット） …… 108
Section 50 Googleドライブと連携しよう（ファイル共有） …… 110
Section 51 Dropboxと連携しよう（画面共有） …… 112
Section 52 Trelloと連携しよう（タスク共有） …… 114

Section 53 Strict Workflowを活用しよう（時間管理） 116
Section 54 Outlookと連携しよう（スケジュール共有） 118
Section 55 Calendlyと連携しよう（スケジュール予約） 120
Section 56 ヘッドセットを使おう 122
Section 57 Zoomミーティングで Webカメラを使おう 124
Section 58 Zoomミーティングで USBマイクを使おう 126

第7章 Zoomで困ったときのQ&A

Section 59 接続がうまくいかない! 128
Section 60 クライアントアプリをアップデートしたい! 130
Section 61 セキュリティソフトが邪魔をしてZoomが使えない! 132
Section 62 映像が表示されない! 134
Section 63 参加者が突然真っ黒に! 136
Section 64 スッピンの顔を見られたくない! 138
Section 65 バーチャル背景に人物が溶け込んでしまう! 140
Section 66 英語表示のメニューを日本語表示にしたい! 142
Section 67 音が出ない! 144
Section 68 毎回、同じURLでミーティングを開きたい! 148
Section 69 特定の相手とだけ話がしたい! 150
Section 70 ウェビナーの講師に匿名で質問をしたい! 152
Section 71 セキュリティを高めたい! 154

ご注意：ご購入・ご利用の前に必ずお読みください

●本書に記載した内容は、情報の提供のみを目的としています。したがって、本書を用いた運用は、必ずお客様自身の責任と判断によって行ってください。これらの情報の運用の結果について、技術評論社および著者、アプリの開発者はいかなる責任も負いません。

●ソフトウェアに関する記述は、特に断りのない限り、2020年6月現在での最新バージョンをもとにしています。ソフトウェアはバージョンアップされる場合があり、本書での説明とは機能内容や画面図などが異なってしまうこともあり得ます。あらかじめご了承ください。

●本書は以下の環境で動作を確認しています。ご利用時には、一部内容が異なることがあります。あらかじめご了承ください。
パソコンのOS： Windows 10
スマートフォン：iPhone 8/11 （iOS 13.5.1）／Android OS 9
Zoomクライアント： Ver. 5.0.5

●インターネットの情報については、URLや画面などが変更されている可能性があります。ご注意ください。

以上の注意事項をご承諾いただいたうえで、本書をご利用願います。これらの注意事項をお読みいただかずに、お問い合わせいただいても、技術評論社は対処しかねます。あらかじめ、ご承知おきください。

第1章

Zoomの基本をマスターしよう

Section 01 Zoomってなに?
Section 02 Zoomを使うために必要なシステムを知ろう
Section 03 Zoomを使うために必要な機材を知ろう
Section 04 無料版と有料版の違いを知ろう
Section 05 Zoomをインストールしよう
Section 06 ユーザー登録しよう
Section 07 アプリの画面と機能を知ろう
Section 08 スピーカーとマイクのテストをしよう
Section 09 パソコン版とモバイル版の違いを知ろう

Section 01 Zoomってなに?

Zoomとは、ミーティングやイベント、セミナーなどをオンラインで開催するために使用するビデオ会議ツールです。Zoomを使えば、主催者および参加者は、開催地に移動することなく、自宅や会社にいながらオンラインで会議が可能です。

無料で使えるビデオ会議ツール

Zoomは、インターネット上のサーバを通じて複数の人が集まり、社内外のミーティングや、セミナー、発表会といったイベントなどを開催する目的で使われるビデオ会議ツールです。従来、ビデオ会議は、モニターやカメラ、マイクなどを別途設置して行っていましたが、Zoomの場合はノートPCやスマートフォン、タブレットだけで開催でき、WindowsやmacOSに加え、iOSやAndroidなど、さまざまな環境に対応しています。利用料金については、無料プランと有料プランが用意されており、無料でも必要十分な機能が使えます。

**インターネット上にあるイベント会場に
オンラインで参加**

Zoomでどんなことができる?

オンラインでミーティングを行うなら、SlackやLINEのビデオ通話、Facebookメッセンジャーなどほかのサービスでも可能です。しかし上記のサービスの場合、いずれも参加者全員のアカウント登録が必要です。また、これらのサービスには「主催者」「参加者」という概念がないため、それぞれの機能が区別されていません。イベントやセミナーの場合、用途によってはこういった機能が必要になるため、Zoomを使う例が増えているようです。では、具体的にどのような使い方ができるのでしょうか。以下、代表的な利用例をいくつかご紹介しましょう。

●打ち合わせ

●セミナー

●イベント／発表会

●コミュニティ

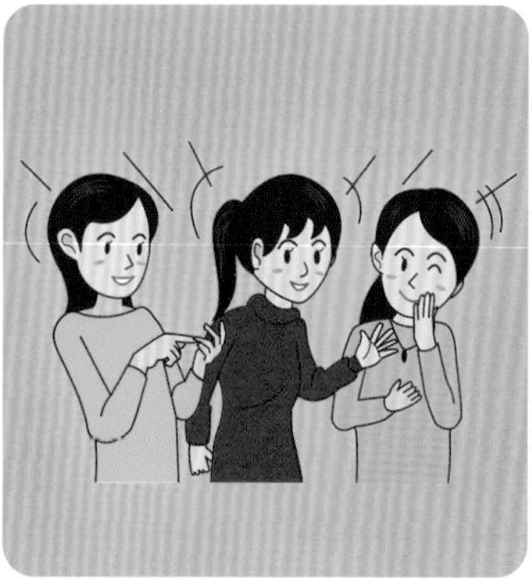

Section 02

Zoomを使うために必要なシステムを知ろう

Zoomを利用する際に必要なものを見ていきましょう。本体は、パソコンやスマートフォン、タブレットなどが使えますが、それぞれ利用条件や必要な機材が異なります。ここでは、使用可能な機材やその条件について確認しましょう。

Zoomを使う際に必要な機材と通信回線

Zoomでミーティングを行うには、スピーカーやマイク、Webカメラなどの周辺機器が必要になります。通信回線については、参加者のネットワーク環境（4G、Wi-Fi、有線など）にあわせて最適化されるので、あまり心配する必要はありません。

●必要な機材

デバイス	インターネット接続	映像、音声	オプション
パソコン	有線接続（LANケーブル）	内蔵カメラ、マイク	WebカメラまたはHD Webカメラ ビデオキャプチャカード搭載のHDカム、またはHDカムコーダ
	Wi-Fi		
スマートフォン タブレット	モバイル通信（4G/LTEなど）	自撮り用カメラ、マイク	Bluetoothワイヤレススピーカーとマイク
	Wi-Fi		

●推奨される回線速度

主体	1対1	グループ	画面共有	その他
参加者	高品質ビデオ：600kbps（下り）		ビデオサムネイルなし：50-75kbps（下り）	音声のみ 60-80kbps（下り）
	HDビデオ：1.2Mbps（下り）		ビデオサムネイルあり：50-150kbps（下り）	
主催者	高品質ビデオ：600kbps（上り/下り）	高品質ビデオ：600kbps/1.2Mbps（上り/下り）	ビデオサムネイルなし：50-75kbps	オーディオVoIPの場合 60-80kbps
	HDビデオ：1.2Mbps（上り/下り）	ギャラリービュー：1.5Mbps/1.5Mbps（上り/下り）	ビデオサムネイルあり：50-150kbps	

Zoomを利用するためのシステム要件

以下のシステム要件が満たされていれば、Zoomを利用することができます。最新のシステム要件は公式サイト（https://support.zoom.us/）で確認することができます。

●サポートされている端末

- パソコン（対応OSに関しては次項）
- Surface PRO 2（Windows 8.1）
- Surface PRO 3（Windows 10）
- iOSとAndroidデバイス　ほか

●サポートされているOS（パソコン）

- OS X 10.9以降のmacOS
- Windows 10
- Windows 8または8.1　ほか

●サポートされているOS（スマートフォン／タブレット）

- iOS 8.0またはそれ以降
- Android 5.0xまたはそれ以降　ほか

●プロセッサーとRAMの要件

	最小	推奨
プロセッサー	シングルコア1GHz以上	デュアルコア2GHz以上 (i3/i5/i7またはAMDの同等モデル)
RAM	–	4GB

●サポートされているWebブラウザー

Windows	IE、Edge、Firefox、Chrome
Mac	Safari、Firefox、Chrome

Section
03 Zoomを使うために必要な機材を知ろう

Zoomでは、映像と音声を使ってミーティングを行います。そのためマイクやスピーカー、自分の顔を映すカメラが必要になります。パソコン、スマートフォン、タブレットなど、使うデバイスによって必要な機材が異なります。

デスクトップパソコンの場合

デスクトップパソコンの場合はカメラやスピーカー、マイクが付いていないものが多いので、それぞれ別途用意する必要があります。
外付けカメラ（Webカメラ）やスピーカーについては、6章で詳しく説明しているので、そちらを参照してください。

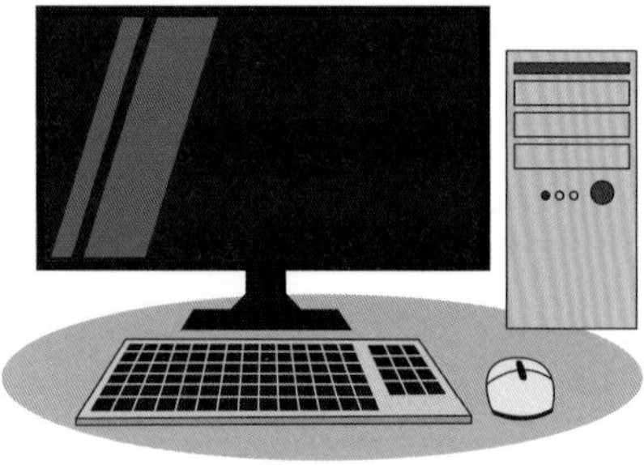

●必要な機材の例

外付けカメラ
「C270N」（ロジクール）

外付けスピーカー
「SoundCore2」（アンカー）

マイク
「DR-05X」（ティアック）

ノートパソコンの場合

ノートパソコンの場合、カメラやマイク、スピーカーを内蔵していれば、それらを使ってZoomに参加することができます。もしカメラが付いてない場合は、外付けカメラを用意しましょう。
内蔵マイクやスピーカーを使うと、家の中のノイズ（家族の声や外の騒音）を拾うことがあるので、それを避けたい場合は別途ヘッドセットを用意しておくと安心です。

ヘッドセット
「MM-HSU12BK」
（サンワサプライ）

スマートフォンやタブレットの場合

スマートフォンやタブレットには、カメラやマイク、スピーカーが備わっているため、別途、機材を用意する必要はありません。ただし、ノートパソコン同様、家の中のノイズを拾わないようにしたいのであれば、別途ヘッドセットがあったほうがよいでしょう。
スマートフォンに付いているイヤホンにはマイク機能が備わっているものもあるので、それを使うのもよいでしょう。

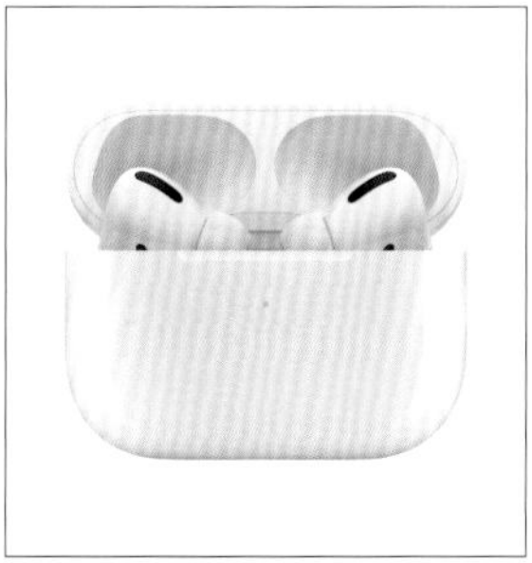

イヤホン
「AirPods Pro」（アップル）

Memo Zoomミーティングに最適な場所とは

Zoomに参加する前に、場所をあらかじめ決めておきましょう。その際に注意すべきポイントは、①ほかの人があまり出入りしない、②十分な光量が得られる、という2点です。②の光量については、P.33のMemoを参考にして下さい。背後もカメラに映るため、背後の景色についても配慮が必要です。難しいようであれば、バーチャル背景を使いましょう。設定方法についてはP.34で解説しています。

Section

04 アカウントタイプの違いを知ろう

ミーティングに参加する場合アカウントの登録は必要ありませんが、自分でミーティングを開催するのであれば、アカウントを登録する必要があります。アカウントには4つのタイプがあります。ここでは、アカウントタイプの違いについて説明します。

アカウントタイプは全部で4つ

Zoomのアカウントには、ベーシック、プロ、ビジネス／エンタープライズ、教育の4つタイプがあります。アカウントタイプは利用するミーティングプラン（料金プラン）によって分かれています。基本的なミーティングプランには、以下のように無料プラン（基本プラン）と3つの有料プランがあります。それぞれのプランによってできることが変わってくるので、ユーザーに合ったプランを選択しましょう。

●基本プラン

価格	無料
参加人数	100人まで
利用時間	1対1の場合は無制限、グループ利用の場合は40分まで
ホスト数	1

●プロプラン

価格	2000円／月／ホスト
参加人数	100人まで
利用時間	1対1の場合は無制限、グループ利用の場合は24時間まで
ホスト数	最大9

●ビジネスプラン

価格	2700円／月／ホスト
参加人数	300人まで
利用時間	無制限
ホスト数	10以上

●企業プラン

価格	2700円／月／ホスト
参加人数	500人まで
利用時間	無制限
ホスト数	100以上

有料プランと無料プランの違い

●利用時間の制限

無料（基本）プランのアカウントを登録すると、1人～100人が参加する会議を開催することができます。1対1であれば時間制限はありませんが、3人以上が参加する場合は最大40分間となり、それ以上使うには有料プランのアカウントを登録する必要があります。

●録音・録画データの保存場所

Zoomには、録音・録画機能があり、無料プランでも使えます。ただし無料プランの場合、録音・録画データが保存される場所はローカルのみ。有料アカウントだと、クラウド上にも保存できるようになります。

●共同ホスト機能

ミーティングを開催する人を「ホスト」と呼びますが、ホストにのみ使える機能がいくつかあります。たとえば、参加者全員の音声をミュートする機能、参加者の名前を変更する機能、待機室を用意する機能は、ホストのみ許可されています。有料アカウントになると、このホスト機能をほかのメンバーにも与えることができるようになります。

Memo **Zoomでセミナーを開催するには**

Zoomでセミナーを開催する機能「ウェビナー」を使いたい場合は、有料アカウントにウェビナーオプションを追加する必要があります。

Section
05 Zoomをインストールしよう

パソコンでZoomを使うには、Zoomのクライアントアプリをインストールします。ここではクライアントアプリのダウンロードからインストールの方法までを紹介します。本文ではWindowsで説明していますが、Macでも同様の手順で行えます。

Zoomをダウンロードする

① Webブラウザー（ここではMicrosoft Edge）でZoomのサイト（https://zoom.us/）にアクセスします。

② 画面下部に移動し、「ダウンロード」の項目内にある「ミーティングクライアント」をクリックします。

③ ダウンロードセンターが開くので、ミーティング用Zoomクライアントの「ダウンロード」をクリックします。

Zoomをインストールする

① インストーラーのダウンロードの許可を促すダイアログが開くので、「実行」をクリックします。

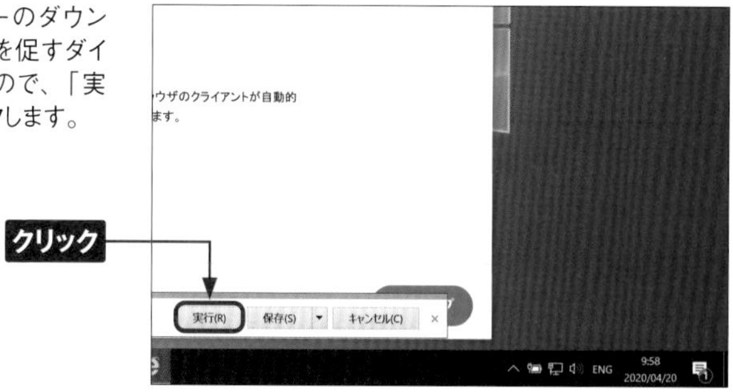

② インストーラーが起動し、「このアプリがデバイスに変更を加えることを許可しますか?」のダイアログが表示されたら、「はい」をクリックします。

③ インストールが開始されます。しばらく待つとインストールが終了します。

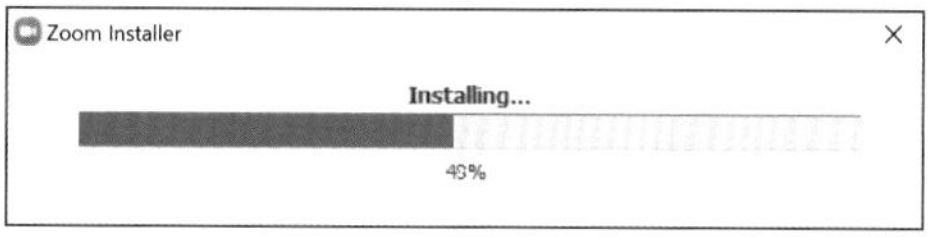

④ Zoomのクライアントアプリが起動します。これでインストールは終了です。

Section 06

アカウントを登録しよう

Zoomはアカウントがなくてもミーティングに参加できますが、自分でも主催するのであれば、「アカウント登録」（サインアップ）が必要です。アカウントを登録するためにはあらかじめメールアドレスを用意しましょう。

アカウントの登録（サインアップ）をする

① ブラウザでZoomのサイト（https://zoom.us/）にアクセスし、「サインアップは無料です」をクリックします。

② 生年月日を入力し、「続ける」をクリックします。

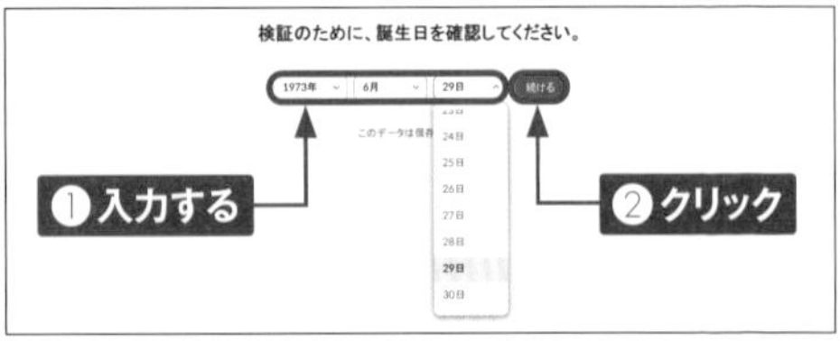

③ 「仕事用メールアドレス」の欄に、登録したいメールアドレスを入力し、「サインアップ」をクリックするとZoomからメールが送信されます。

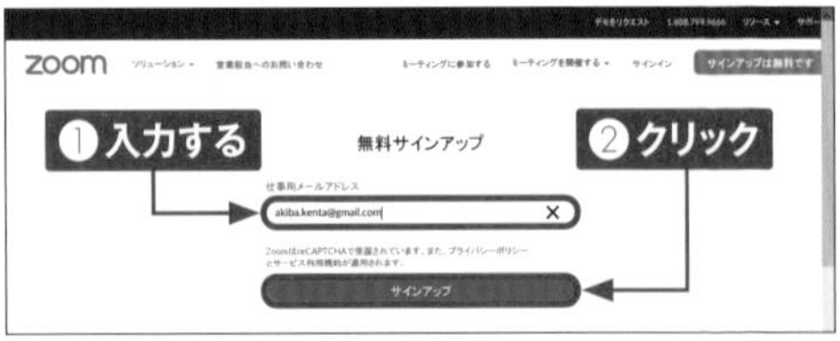

Memo アカウントのアップグレードを行うには

Zoomのサイトでサインインし、「アカウント管理」→「支払い」をクリックすると、現在の料金プランが確認できます。有料プランに変えるには「アカウントをアップグレード」をクリックします。

4 メーラーを起動し、Zoomからの確認メールを開き、「アクティブなアカウント」をクリックします。

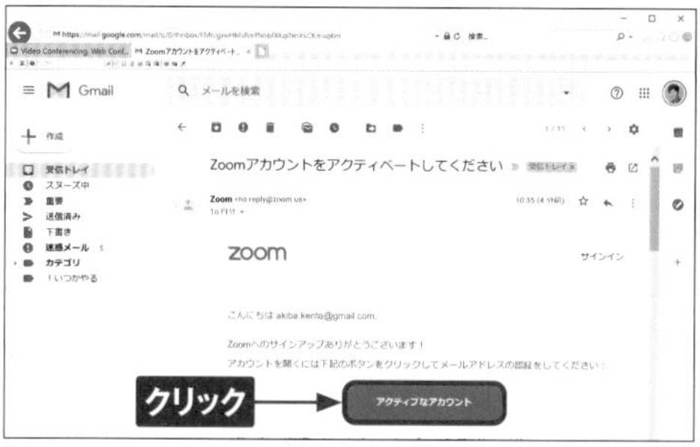

5 ブラウザが開いたら、指示に従って必要項目を入力します。入力が終わったら「続ける」をクリックします。

6 友だちを招待する画面が表示されますが、あとで招待できるので、ここでは「手順をスキップする」をクリックして次の手順に進みます。

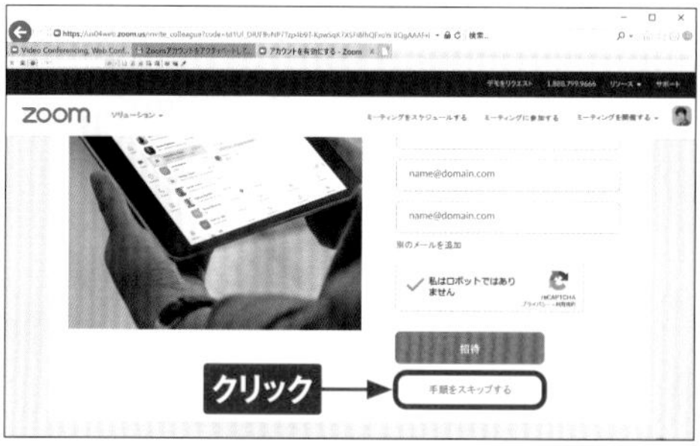

7 アカウント登録が完了しました。登録したメールアドレスとパスワードでZoomにサインインできるようになります。

Section 07

アプリの画面と機能を知ろう

Zoomのクライアントアプリを使ってミーティングを開催したり、誰かが開催しているミーティングに参加したりすることができます。ここでは、アプリの画面や機能の概要について説明します。

アプリ画面と機能について

●サインインの画面

サインインしなくても、ほかの人が開催しているミーティングに参加できます。自分でミーティングを開催する場合、サインインが必要です。

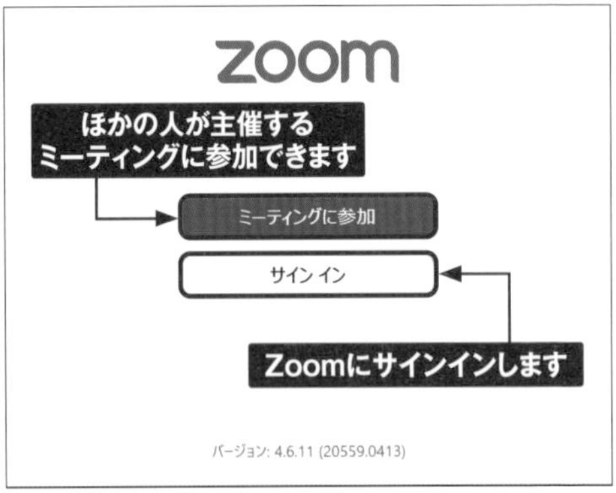

●サインインした画面

新規ミーティングを開催したり、ほかの人が開催しているミーティングに参加したりできます。また、ミーティングの予約もこの画面から行います。

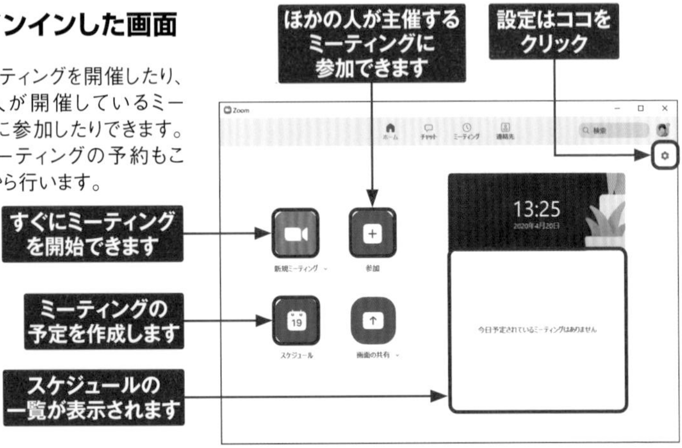

●「ミーティング」の画面

画面下部にマウスカーソルを動かすとメニューが表示されます。

●操作メニューについて

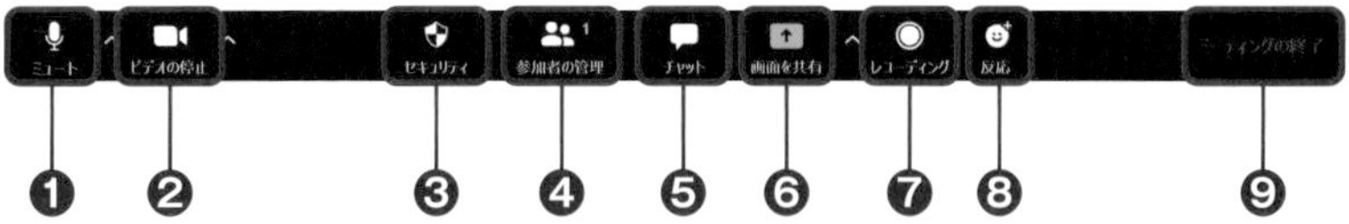

❶ミュート	マイクをオフにして、こちら側の音が聞こえないようにします。
❷ビデオの停止	映像をオフにして、こちら側の映像が見えないようにします。
❸セキュリティ	ミーティングをロックし、新しい参加者がミーティングに参加できないようにするなど、各種制限を行います。
❹参加者の管理	ミーティング参加の許可などを行います。
❺チャット	参加者とテキストで会話することができます。
❻画面を共有	資料などの画面を共有することができます。
❼レコーディング	ミーティングの様子を録音・録画できます。
❽反応	ミーティングで話している人の邪魔にならないように、「いいね!」や拍手などの反応を示すことができます。
❾ミーティングの終了	ミーティングを終了します。

Section 08

スピーカーとマイクのテストをしよう

Zoomでミーティングを開始する前に、スピーカーとマイクがきちんと使えるかテストしましょう。音が聞こえなかったり、マイクが音を拾わなかったりしたときは、設定を変更しましょう。

オーディオとマイクの設定を事前に行う

1 Zoomにサインインしたら、右上の⚙（歯車アイコン）をクリックします。

2 「オーディオ」をクリックし、「スピーカーの…」をクリックしてスピーカーから音が出ることを確認します。「マイクのテスト」をクリックし、マイクがきちんと動いていることを確認します。

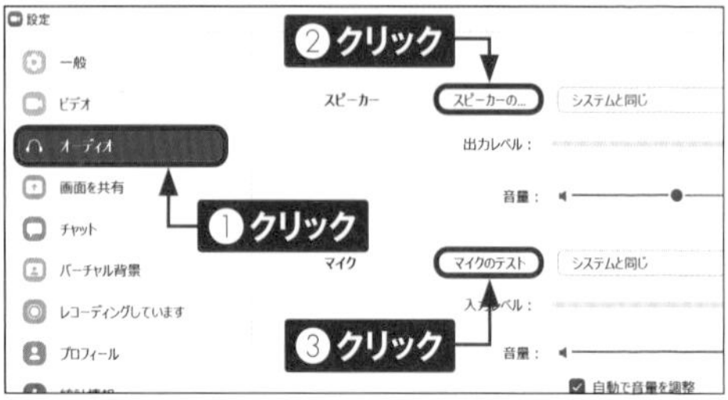

Memo スピーカーやマイクの設定を変える

スピーカーやマイクから音が出ない場合、マイクやスピーカーの設定を変更します。ほかのスピーカーやマイクに変更し、使用できるかどうかをテストしましょう。

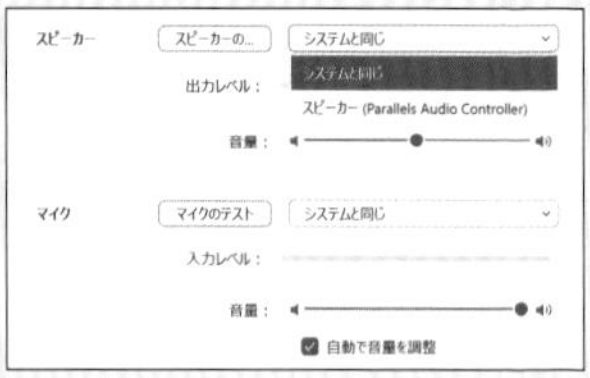

ミーティング画面からオーディオの設定を行う

1. ミーティングの画面で「オーディオに参加」をクリックし、「コンピューターオーディオのテスト」をクリックします。

2. スピーカーのテストが始まります。音が聞こえたら「はい」をクリックします。同様にマイクのテストも行い、問題があれば設定を変更します。

3. テストが終わったら、「コンピューターでオーディオに参加」をクリックします。

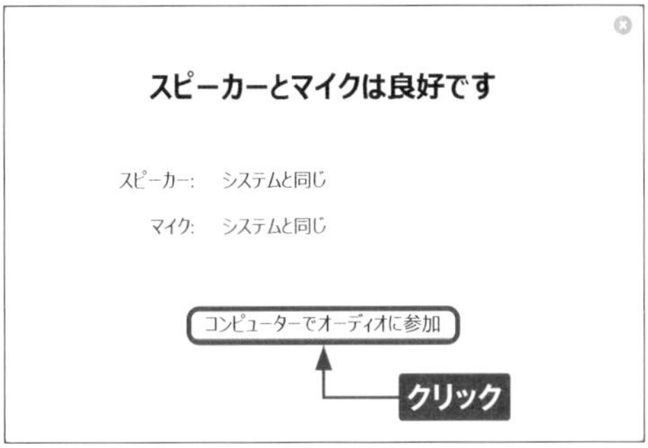

Section 09

パソコン版とモバイル版の違いを知ろう

パソコン、スマートフォン、タブレットでZoomミーティングに参加するには、専用アプリが必要です。パソコン版とモバイル版アプリを比べると、モバイル版では一部使えない機能もあります。ここでは、その違いについて覚えておきましょう。

ギャラリービュー

Zoomには、参加者の一覧をサムネイル表示する「ギャラリービュー」と、発言している人を大きく表示する「スピーカービュー」という機能があります。ギャラリービューを使う場合、PCアプリだと1画面に最大49人を表示できます（詳細はP.36を参照）。一方、スマートフォンアプリだと1画面に表示できるのは最大4人。5人以上の参加者がいる場合、画面をスクロールしなければ確認できません。多くの人が参加するミーティングの場合、ホストは参加者の状況を確認する必要があるため、PCアプリを使ったほうがよいでしょう。

●PCアプリ

●スマートフォンアプリ

録画機能

Zoomには、ミーティングの様子を録画する機能があります。パソコン版の場合、ローカルに保存できますが、モバイル版だとそれができません。ただし有料アカウントユーザーであれば、クラウド保存が可能です。

Memo スマホならインカメラ／アウトカメラの使い分け可能

スマートフォンには、通常、インカメラ（自撮り用カメラ）とアウトカメラが備わっています。Zoomの場合、通常はインカメラで自分の顔を映しながら話しますが、たとえば新製品発表会のように、自分の顔以外のものを映しながら話したい場合は、アウトカメラに切り替えられるスマートフォンのほうが便利です。

第2章

Zoomミーティングに参加しよう

Section 10 URLをクリックして参加しよう

Section 11 ミーティングIDとパスワードで参加しよう

Section 12 ビデオオン／オフの設定をしよう

Section 13 自分がどう映るか確認しよう

Section 14 バーチャル背景を設定しよう

Section 15 表示方法を変えよう（ギャラリー／スピーカー）

Section 16 ミーティングで発言しよう

Section 17 チャットで話そう

Section 18 自分の声をミュートしよう

Section 19 映像をオフにしよう

Section 20 ミーティングから退出しよう

Section 10 URLをクリックして参加しよう

パソコンでZoomミーティングに参加するには、招待を受け取る必要があります。主催者からメールやメッセージアプリで招待を受け取ったら、そこに記載されたリンク先URLをクリックしてミーティングに参加しましょう。

URLを受け取ってから参加するまで

1. 受信した招待メールの本文に記載された(https://zoom.us/j/.....)で始まるリンク先URLをクリックします。

2. URLをクリックするとWebブラウザーが起ち上がるので、「Zoom Meetingを開く」ボタンをクリックします。

3 自分の名前を入力して、ミーティングに参加をクリックします。

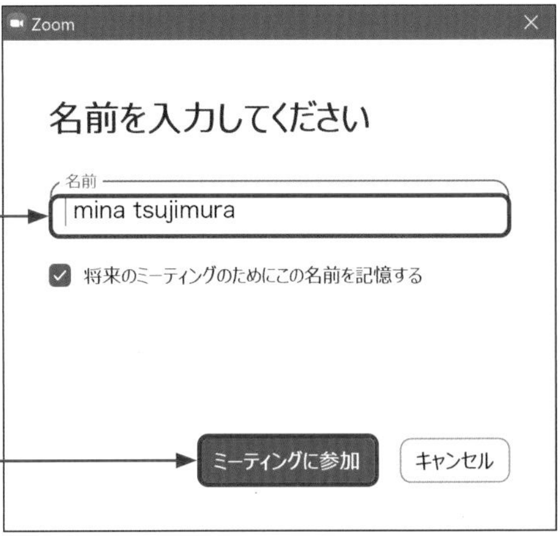

4 ホストが参加を許可するまでの間、待機メッセージが表示されます（P.29 Memo参照）。画面が変わったら「ビデオ付きで参加」をクリックします。

Memo Webブラウザーからも参加が可能

ZoomはWebブラウザーから参加することもできます。招待メールにあるURLをクリックしてこの画面が表示されたら、「ブラウザから参加」をクリックしてください。次に名前を入力後に「参加」をクリックするとミーティングに参加できます。

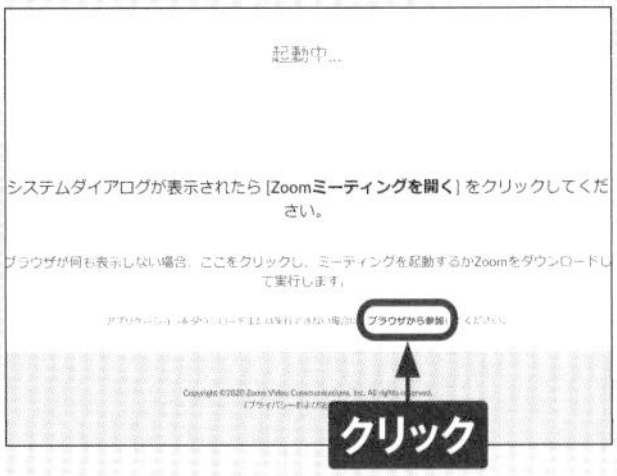

Section 11

ミーティングIDとパスワードで参加しよう

ミーティングIDとパスワードを入力して会議に参加することもできます。その場合、招待メール内のミーティングIDとパスワードが必要なので、あらかじめメモしておきましょう。

Zoomのクライアントアプリを起ち上げて参加する

1 ミーティングIDとパスワードが記載されたメールを開いて準備をします。

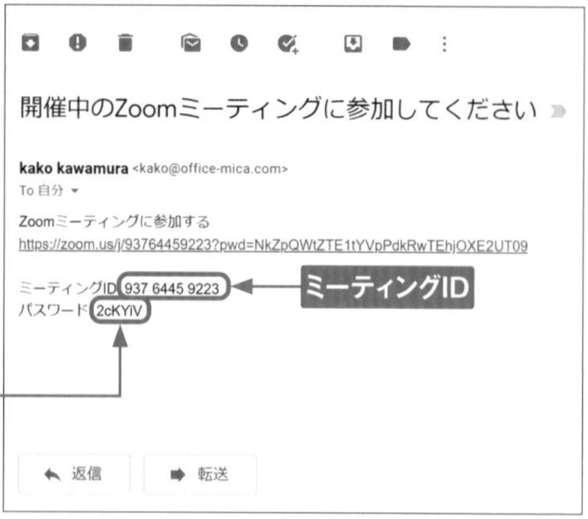

2 Zoomのクライアントアプリを起ち上げて「ミーティングに参加」ボタンをクリックします。

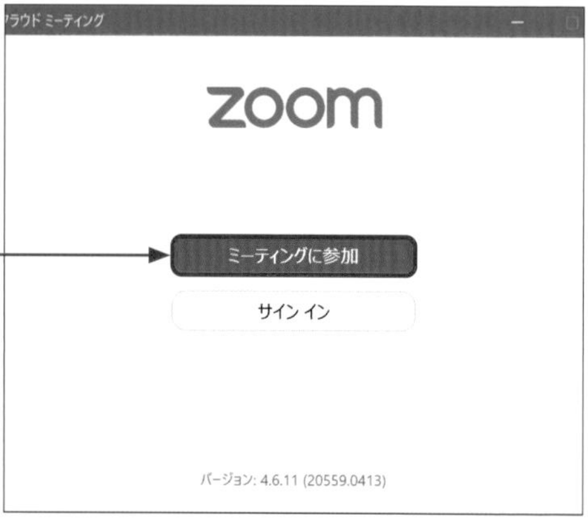

3 入力画面が表示されるので、ミーティングIDと自分の名前を入力して「参加」ボタンをクリックします。

4 控えておいたパスワードを入力して「ミーティングに参加」をクリックします。

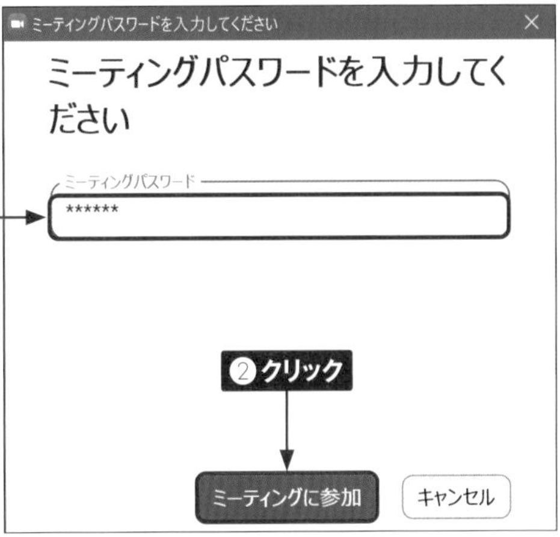

Memo **会議が始まるまで待機室で待機する**

ホストには、ミーティングへの入室を管理する権限があります。この画面が表示されたら、ミーティング参加者は、ホストがミーティングへの参加を許可するまで、そのまま待機室で待ちましょう。

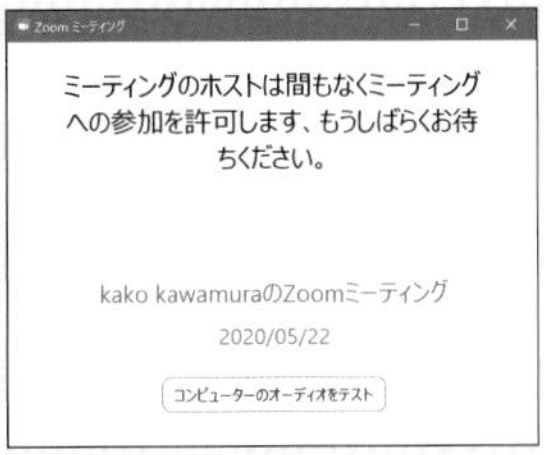

Section 12 ビデオオン／オフの設定をしよう

Zoomミーティングの参加者は、ミーティングに参加する際に「ビデオ付きで参加」、もしくは「ビデオなしで参加」を選択することができます。また、ミーティング参加後に自分のビデオをオフにすることも可能です。

招待URLをクリックして参加

招待URLをクリックして参加した場合、ビデオプレビューの画面で選択ボタンをクリックして参加します。

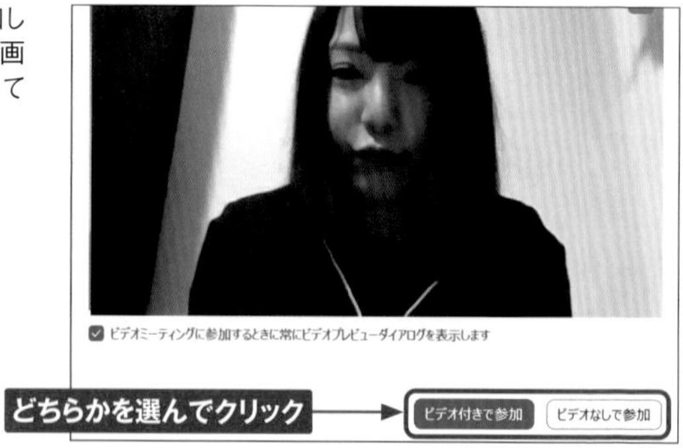

ミーティングIDとパスワードで参加

アプリからは、「自分のビデオをオフにする」にチェックを入れて参加すればビデオなしで参加できます。

参加後にビデオのオン／オフを切り替える

1 参加したあとでビデオをオフにするには、画面左下にある「ビデオの停止」ボタンをクリックします。

2 ビデオをオンにするには「ビデオの開始」をクリックします。

Memo ビデオオン／オフの確認方法

ミーティングに参加したあとで、自分のビデオがオンかオフなのかを確認するには、画面に、自分の映像が表示されているかどうか確認します。自分の顔が写っていればオン、名前になっていればオフです。

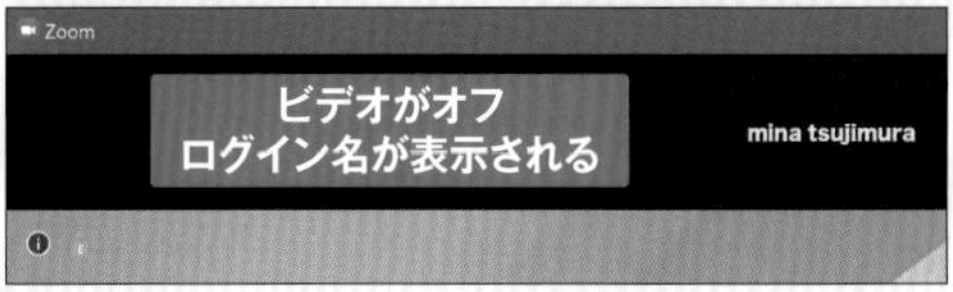

Section 13

自分がどう映るか確認しよう

ミーティングに参加する前に自分がどう映るか確認したい場合は、Zoomが用意したテスト用サイトを利用しましょう。ミーティングの相手がいない状態で、自分の映像を確認することができます。

事前に自分と背景の映像を確認する

1 Webブラウザーを開き、http://zoom.us/testへアクセスして、「参加」ボタンをクリックします。

2 「Zoom Meetingを開く」ボタンをクリックします。

③ ミーティングに参加する時と同様にビデオプレビューが開くので、自分と背景の映り具合を確認します。

④ 「参加する」をクリックするとマイクとスピーカーの各種テストができます。

Memo 顔の照明にひと工夫

顔が暗く映ると表情も暗く見えてしまいます。暗く映る原因は光量不足によるもの。窓のある部屋では逆光にならないよう、光が入る窓に向かって座ります。光量が足りない場合は、補助光としてデスクライトや高輝度LED懐中電灯を利用してもよいでしょう。

Section 14 バーチャル背景を設定しよう

Zoomミーティングに映像付きで参加すると、背景に部屋の一部が映り込んでしまうことがあります。自分の部屋を見せたくない場合は、指定した画像が背景になる「バーチャル背景」機能を利用しましょう。

バーチャル背景を設定する

1 画面左下、ビデオの停止の右横をクリックしてメニューを表示し、「仮想背景を選択して下さい」をクリックします。

2 設定が開いたら、「仮想背景を選択してください」の中から好みの画像を選んでクリックします。

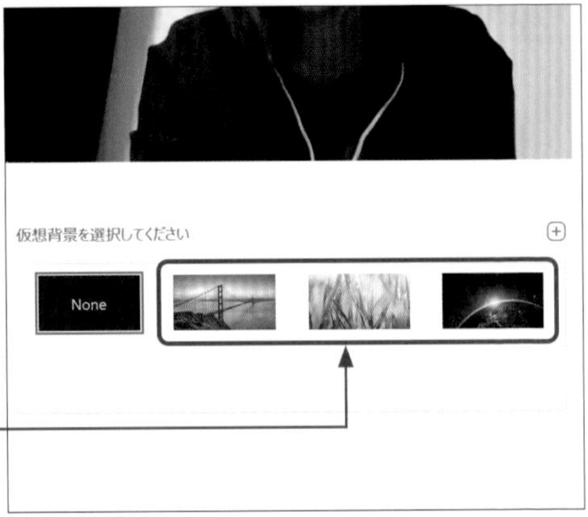

3 好きな画像を選ぶと、背景が自分の部屋から選択した画像に置き換わります。

自分の好きな写真を背景にする

1 パソコンに保存されている画像を背景にする場合は、「+」→「画像の追加」をクリックします。

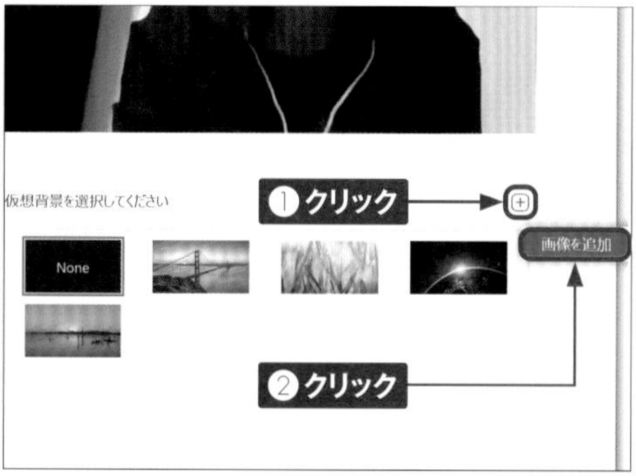

2 エクスプローラーが開くので、パソコンの写真が保存されているフォルダを開き、バーチャル背景として使いたい写真を選択し、「開く」をクリックします。

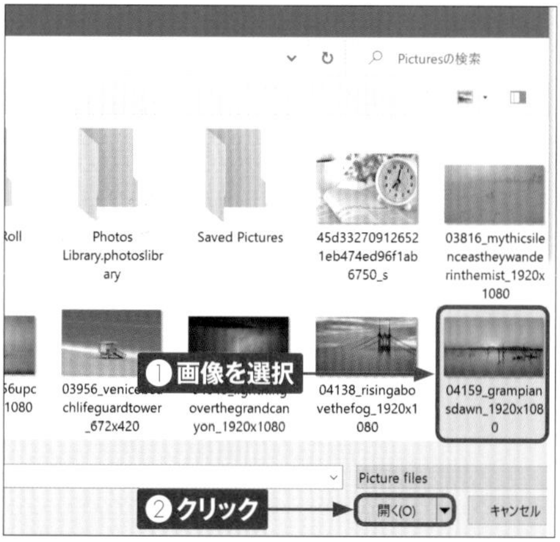

Section 15

表示方法を変えよう（ギャラリー／スピーカー）

参加しているメンバーの表示方法を変更することができます。自分を含めた参加者の画像がタイルのように並ぶのが「ギャラリービュー」。上に小さく参加者の映像が並び、発言者だけが中央に大きく表示されるのが「スピーカービュー」です。

メンバーの表示方法を変える

1 画面上にマウスオーバーすると上下に操作メニューが表示されます。右上に表示されるのが表示変更ボタンです。

2 画面右上に表示されたビュー名（ギャラリービュー）をクリックします。

3 ギャラリービューに切り替わりました。参加者が多くなると映像は小さくなります。

ギャラリービューに切り替わった

4 再度、ギャラリービューからスピーカービューに変更する場合はもう一度ビュー名をクリックします。

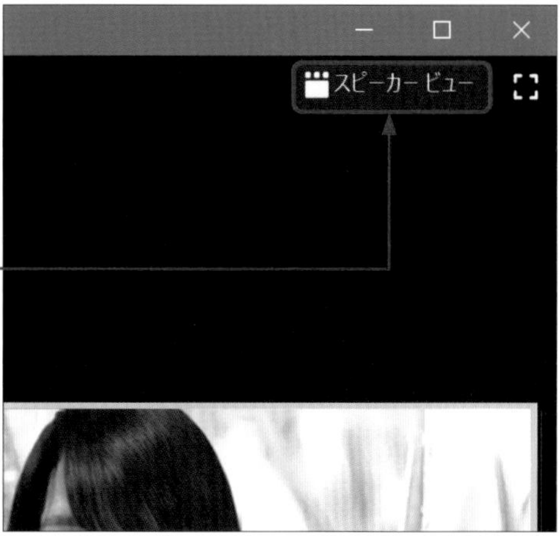

クリック

Memo 表示名のアイコンは表示形

ビュー名の前には小さなアイコンが付いています。このアイコンはそれぞれのビューについての表示方法を簡略化したもの。スピーカービューは参加者が小さく上に並び、発言者が中央に大きく表示。ギャラリーは全員が同じ大きさでタイル状に並びます。

Section 16

ミーティングで発言しよう

Zoomミーティングで発言したい時は、パソコンや外付けマイクに向かって話しましょう。Zoomの画面では、話している人の外枠が強調色に変わるので、今話しているのが誰なのか一目でわかります。

オーディオを調整する

1. ミュートボタンの右の^をクリックして、表示されたメニューから「オーディオ設定」を選択します。

2. オーディオの設定画面が表示されるので「スピーカーの」をクリックして、聞こえてくる音を調整します。

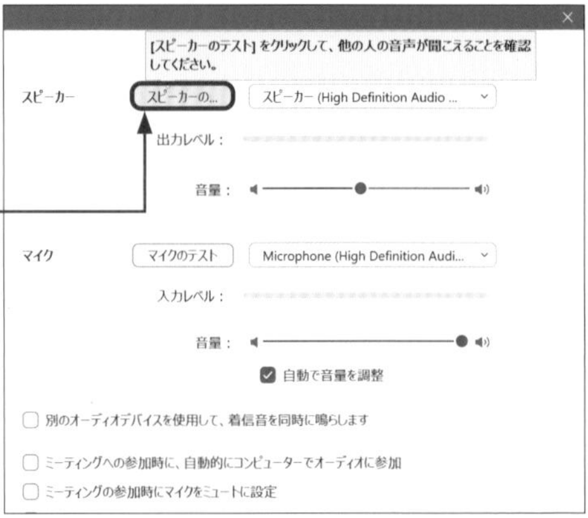

3 「マイクのテスト」をクリック。話しかけると自動的に録音、再生されるので、声の大きさを確認します。

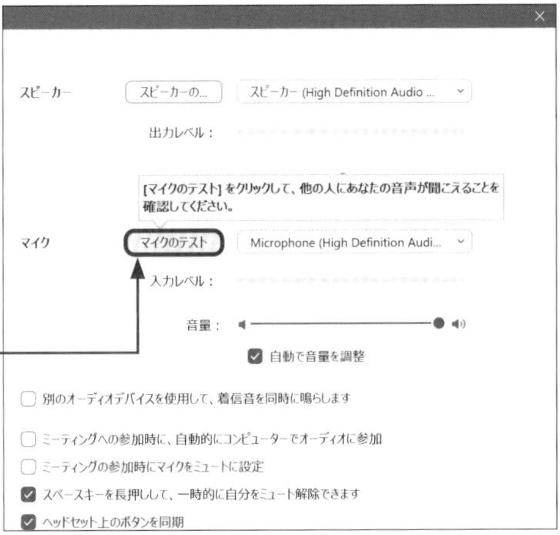

4 ギャラリービューで発言すると自分の外枠がハイライトされます。音量によって左下のマイクが緑色に変化します。

Memo オンライン会議でスムーズに話を進めるには

全員が同じ場所で顔を合わせる従来の会議と違い、オンライン会議では会話のきっかけが難しいもの。複数名で同時に話し出すと、会話がかみ合わなくなります。そうならないために、発言したい人は挙手をして（P.90参照）、指名されたら話をするというようなルールを決めておくとよいでしょう。

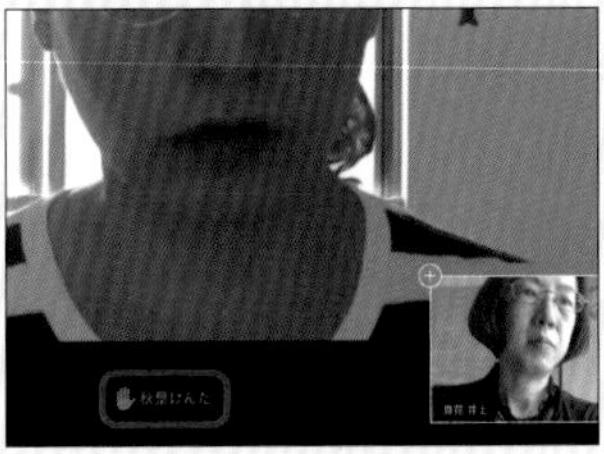

Section 17 チャットで話そう

Zoomには文字を使ってメッセージを送る機能があります。マイクの不調などで音声を使った会話が難しい場合は、テキストを使って発言しましょう。特定の参加者だけに話したい場合は、プライベートメッセージも送れます。

チャットメッセージを使う

① 画面の上にマウスオーバーして、画面下にメニューアイコンを出したら「チャット」をクリックします。

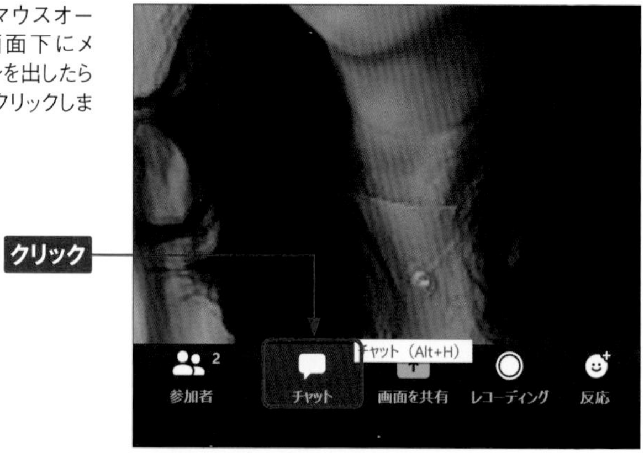

② 画面の右側にチャット画面が表示されます。下部のエリアに文字を入力し、Enterを押すと、上部のウィンドウに発言が表示されます。メッセージ中で改行したいときはShift＋Enterを押します。

③ 特定の相手にだけメッセージを送るには、「送信先」をクリックして相手を選択します。

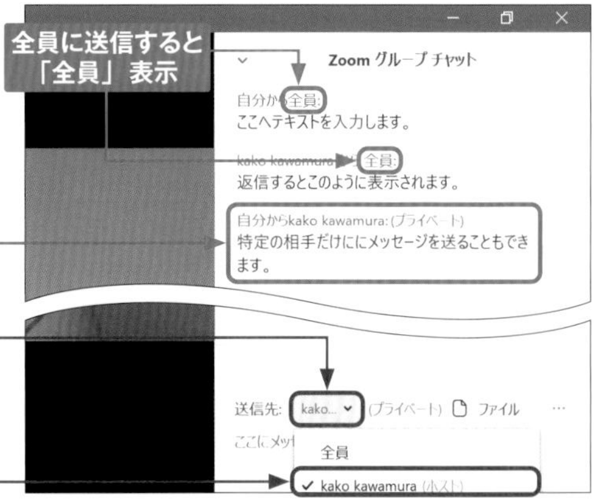

④ 右側に表示されたチャット画面は任意の場所に移動することができます。それには、まず∨をクリックし「飛び出る」を選択します。ウィンドウをドラッグして表示したい場所に移動します。

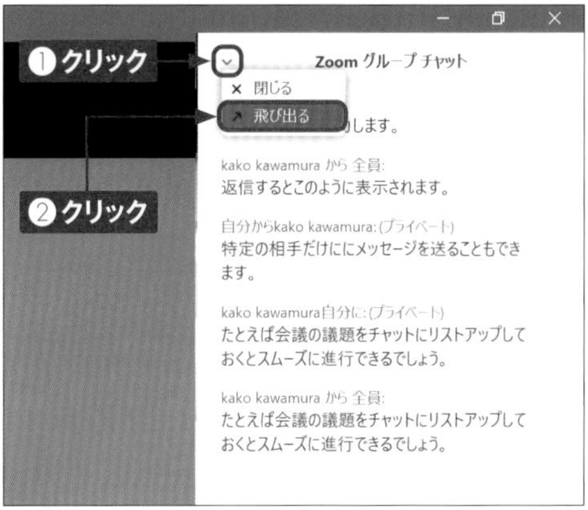

⑤ 元に戻したいときは、右下の「…」をクリックし、「会議ウィンドウにマージ」をクリックします。

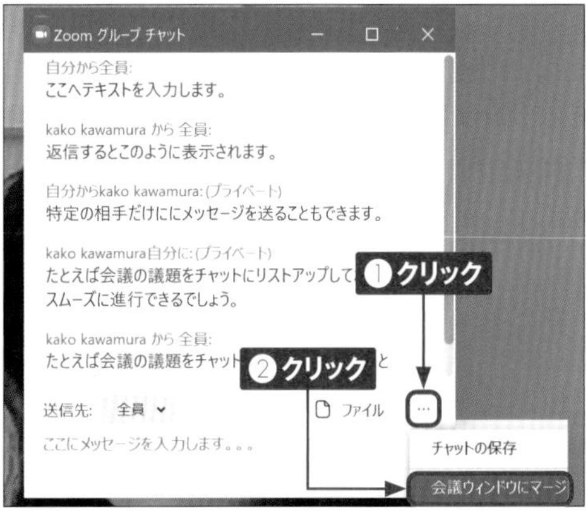

Section 18 自分の声をミュートしよう

会議の途中でインターホンが鳴ったり、家族に話しかけられたりすることがあります。その場合は、ミュート機能を使って自分の声をミュートしましょう。そうすれば、ほかの参加者にその音を聞かれることはありません。

一時的に音声をミュートする

1 「ミュート」をクリックすると「ミュート解除」に変わり音声が停止します。解除クリックで再開します。

ミュートクリックで停止、解除クリックで再開

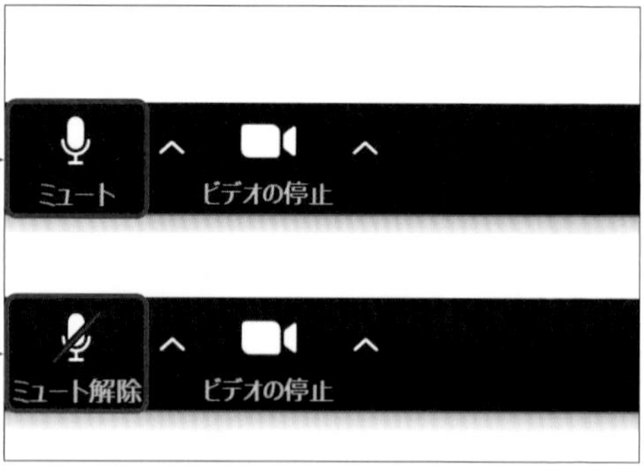

音声をミュートしたまま会議に参加する

1 音声をミュートしたまま会議に参加するには、ミュートボタンの右^をクリックして、オーディオ設定を開きます。

クリック

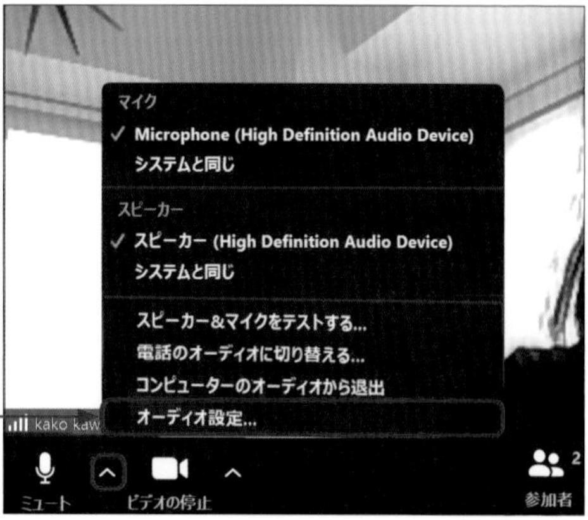

2 次に、オーディオ設定の「ミーティングの参加時にマイクをミュートに設定」にチェックを入れてください。

3 ミュート中に話したい場合は、キーボードのスペースキーを押し続けます。

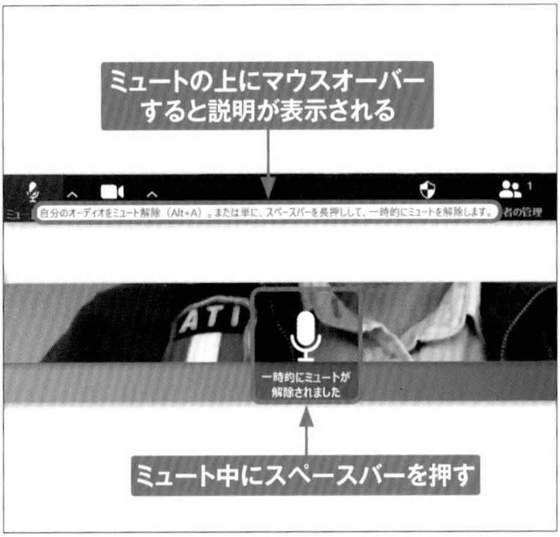

Memo マナーとしてのミュート機能

多くの人が参加するミーティングの場合、全員のマイクがオンになっていると、さまざまな生活音を拾ったり、咳ばらいや飲み物をすする音が混じったりして、話している人の声が聞きにくくなります。話している人以外は自分の音声をミュートするようにするとよいでしょう。

Section

19 映像をオフにしよう

会議の途中で一時的に離席したり、ほかの参加者に見られたくない状況になったりした時は、一時的に自分の映像を非表示にすることができます。非表示になると、自分の映像の代わりにログインした時の名前が表示されます。

一時的に映像をオフにする

① 画面にマウスオーバーしたら、下部に表示される「ビデオの停止」ボタンをクリックします。

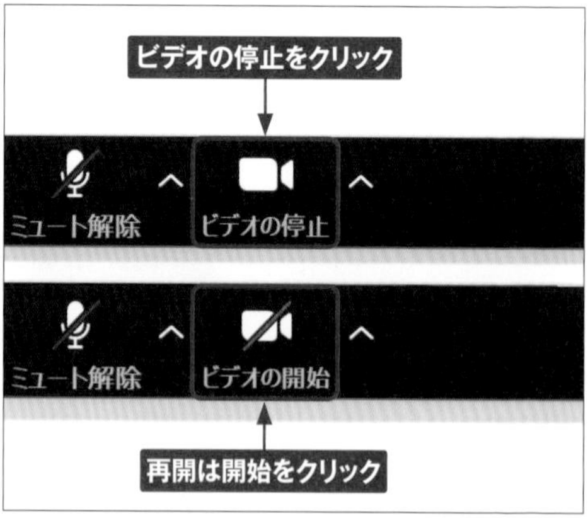

② ビデオの停止をクリックすると、自分の映像がログインした時の名前に変わります。

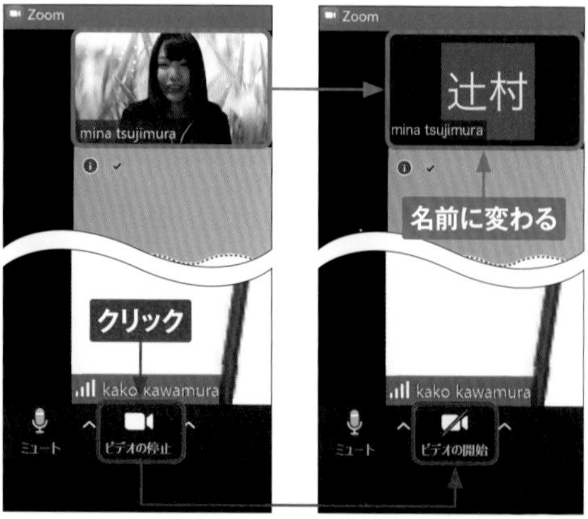

映像をオフにして会議に参加する

1 映像をオフして会議に参加するには、設定から「…ビデオをオフにする」にチェックを入れます。

チェックを入れる

2 設定後は、ログインしたときの自分の名前が表示された状態でミーティングに参加するようになります。途中でビデオを開始したくなったら、画面下の「ビデオの開始」をクリックします。

クリック

Section 20 ミーティングから退出しよう

参加者は、ホストがミーティングを終了すれば自動的に退出になりますが、自分の都合で退出する場合や、通信の悪化などによりホストから一旦退出することをお願いされる場合の退出方法を覚えておきましょう。

ミーティングから退出する

1 画面にマウスオーバーして、画面右下に赤文字で表示される「ミーティングを退出」をクリックします。

2 次に、このダイアログボックスの「ミーティングを退出」をクリックします。

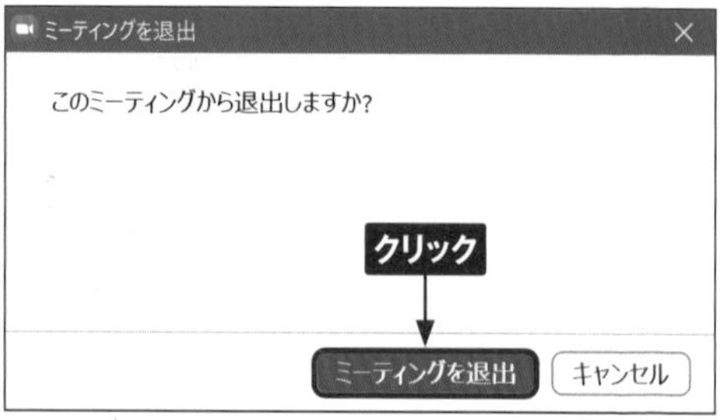

Memo ホストがミーティングを終了した場合

ホストがミーティングを終了すると、参加者にはこのダイアログボックスが表示され自動的に退出となります。

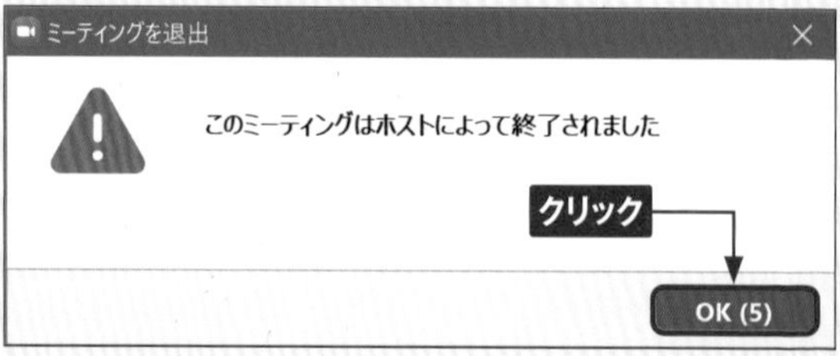

第3章

Zoomでミーティングを開こう

Section 21 ミーティングを予約しよう

Section 22 ミーティングを開始しよう

Section 23 メンバーを招待しよう

Section 24 ミーティングを録画しよう

Section 25 パソコンの画面を共有しよう

Section 26 iPad/iPhoneの画面を共有しよう

Section 27 ホワイトボードを使って話をしよう

Section 28 字幕を表示しよう

Section 29 ブレイクアウトルームを使おう

Section 30 ファイルを共有しよう

Section 31 ミーティングを終了しよう

Section 21

ミーティングを予約しよう

Zoomでは、日時を設定して主催するミーティングを予約することができます。予約の際、発行されたミーティングのURLやパスワードは、事前に参加者に伝えておきましょう。ここでは、ミーティング開催時の予約方法を紹介します。

スケジュールに予定を入力する

1 Zoomのクライアントアプリを起動し、「サインイン」します。

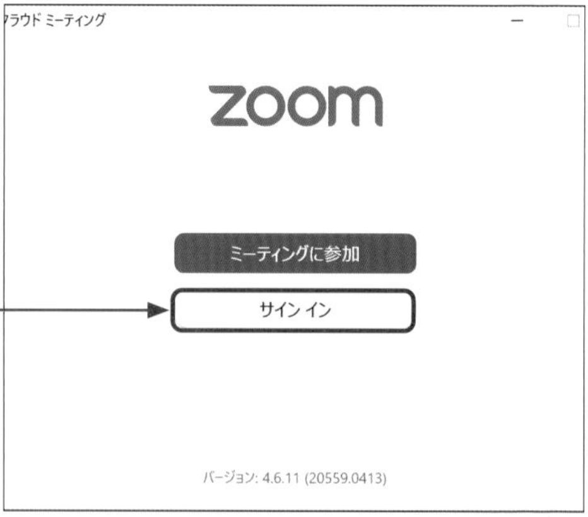

2 主催者は「スケジュール」をクリックします。

3 ミーティングの名前や日時、予定開催時間、必要に応じてビデオやオーディオの設定を入力し、最後に「スケジュール」をクリックします。

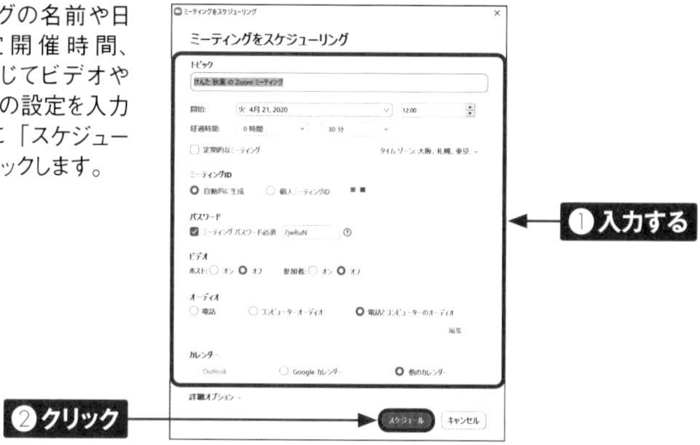

4 スケジュールの情報が表示されます。必要に応じて、カレンダーアプリに登録したり、参加者に連絡したりしましょう。

5 スケジュールを登録すると、その予定をアプリ起動画面やZoomサイトなどで確認できるようになります。

Memo Webからスケジュールを作成する

スケジュールは、Zoomのサイトから確認・作成することもできます。一覧性が高いので、先のスケジュールを確認する際に利用すると便利です。

Section
22 ミーティングを開始しよう

Zoomでミーティングを開始してみましょう。ここでは、新規にミーティングを開始する場合と、スケジュールされたミーティングを開始する場合、それぞれの方法について紹介します。

新規ミーティングを開始する

1 Zoomのクライアントアプリを起動し「新規ミーティング」をクリックします。

2 新規ミーティングが開始されました。

スケジュールしたミーティングを開始する

1 クライアントアプリのスケジュールの一覧から開始したいミーティングの「開始」をクリックします。

2 ミーティングが開始されました。必要に応じてオーディオやビデオを設定しましょう。ビデオを開始すると、P.50の手順②のような映像が表示されます。

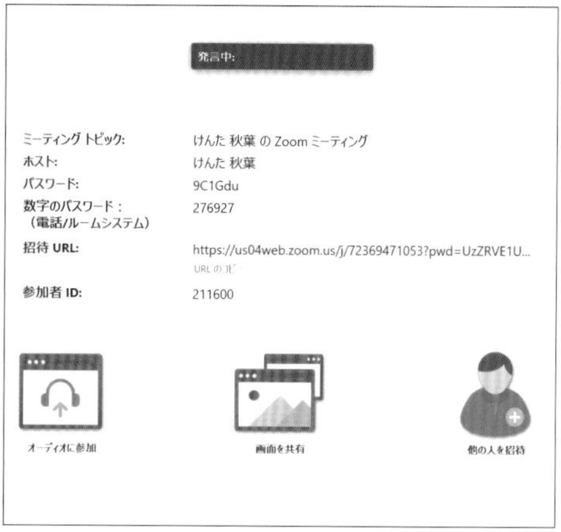

Memo 定期的なミーティングを開く場合は固定IDが便利

ここで紹介した方法はミーティングIDとURLが毎回変わります。しかし定期的なミーティングを開く場合、その都度、IDやURLを伝えるのは手間がかかります。そういった場合は、ミーティングIDを固定し、参加者はそのIDで入室するようにしたほうが便利です。固定IDを作成する方法についてはSec.68で説明していますので、参照してください。

Section 23

メンバーを招待する

ミーティングを予約・開始したら、参加者たちに「ミーティングID」や「パスワード」、「URL」などの情報を連絡し、招待しましょう。「ミーティングID」や「パスワード」、「URL」などの情報は、メールやメッセージアプリなどで連絡します。

開始したミーティングから招待する

1 ミーティング画面から「参加者の管理」をクリックします。

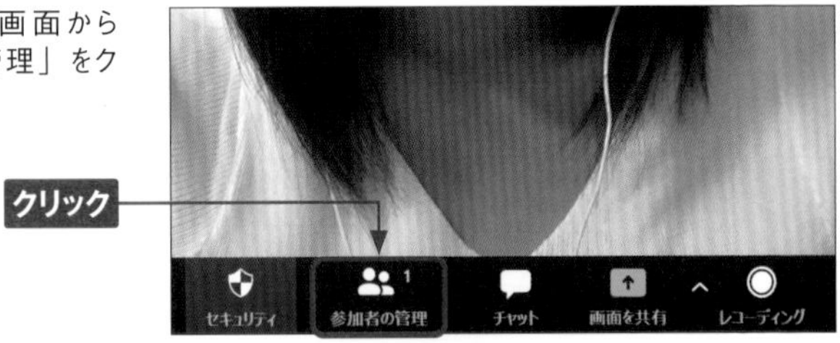

2 「参加者」ウィンドウが開くので「招待」をクリックします。

Memo メッセージサービスで招待する

LINEやMessengerなどのメッセージサービスでZoomに招待する場合、「URLのコピー」や「招待のコピー」をクリックします。クリップボードに必要な情報がコピーされるので、メッセージサービスを起動し、本文にペーストしてメッセージを送信します。

3 ウィンドウが開くので、「メール」をクリックし、普段使っているメーラーを選択します（ここではGmailをクリックしています）。

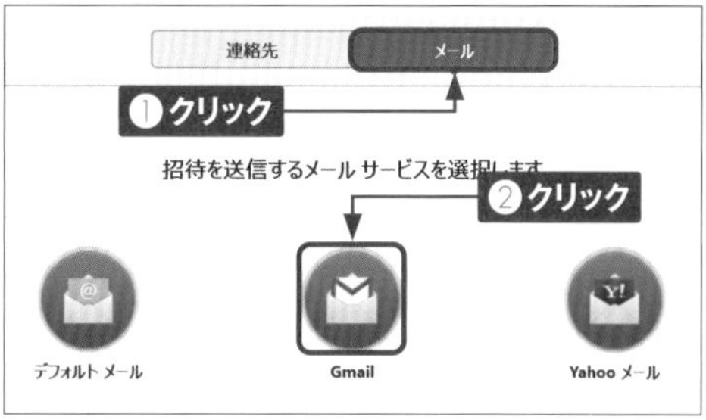

4 招待したい人のメールアドレスを入力し、メールを送信します。

ミーティングを許可する

1 待機室にいる参加者は、ミーティングが始まってもそこに加わることができません。参加者一覧を表示し、ミーティングに参加してほしい参加者を選び、「許可する」をクリックすると参加できるようになります。

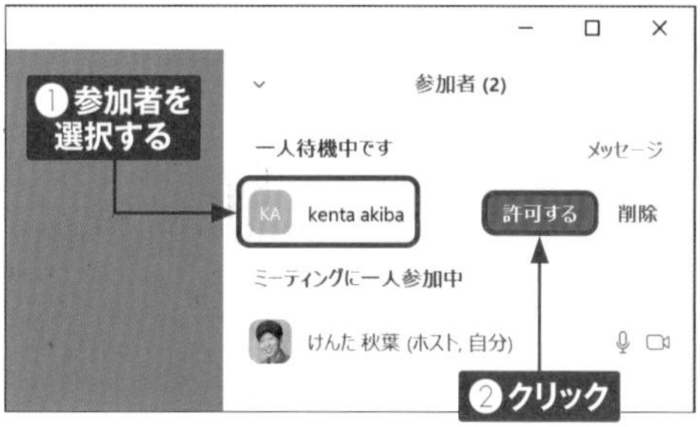

Memo スケジュールから招待する

スケジュールの一覧画面から「…」をクリックし、「URLをコピー」をクリックすると、クリップボードにミーティングのURLがコピーされます。簡単な操作でURLを取得できるので、覚えておくと便利です。

Section 24

ミーティングを録画しよう

Zoomミーティングの内容を録画し、映像や音声データとして残しておけば、あとから内容を確認できるため便利です。ここでは、パソコンにデータを保存する方法を紹介します。

ミーティングを「レコーディング」する

1 ミーティング画面下から「レコーディング」をクリックします。

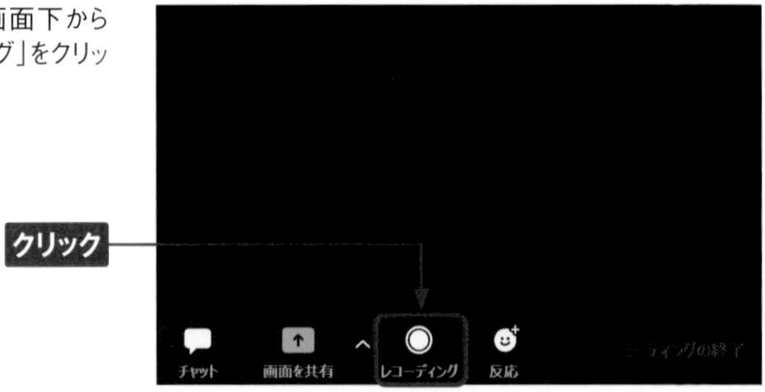

2 画面左上に「レコーディングしています」と表示され、録画が開始されます。

Memo 録画データをクラウドに保存

Zoomのアカウントを「プロ」以上にアップグレードすれば、録画データをクラウドに保存できるようになります。動画は容量が大きいので、パソコンのストレージ容量に余裕がない場合、クラウドに保存しておくと安心です。

録画を一時停止する

① ミーティング画面のメニューアイコンから「一時停止」ボタンをクリックします。

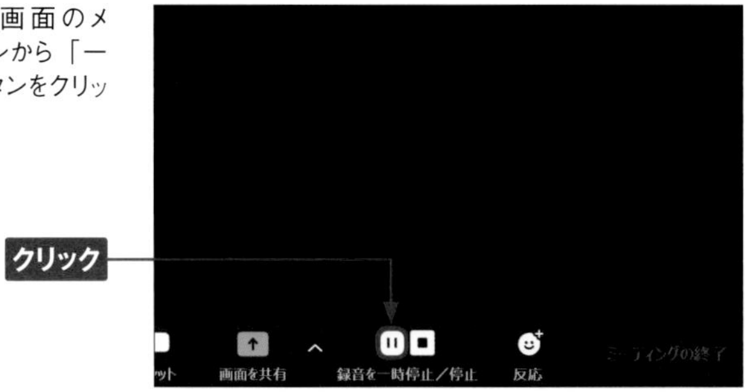

② 録画を再開する場合、「再開」ボタンをクリックします。

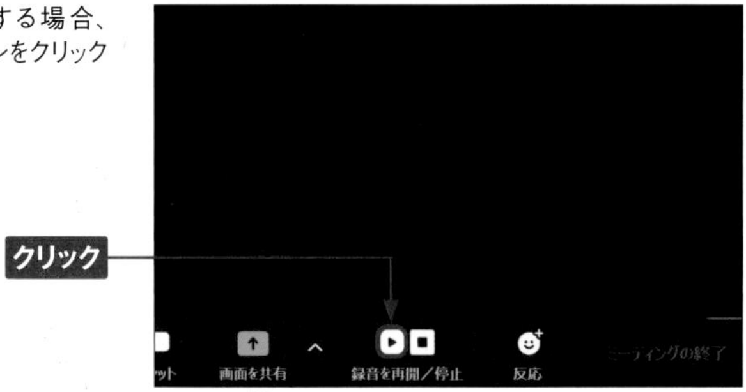

③ データの保存場所を変えるには、P.50手順①の画面で「設定」→「レコーディングしています」をクリックし、ローカル録音の場所を変更します。

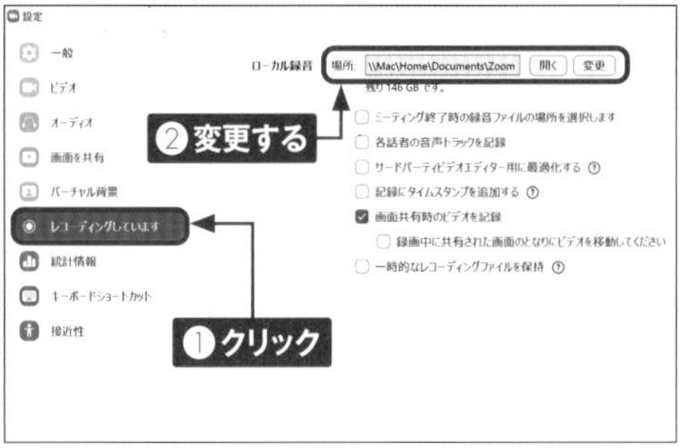

Memo **参加者ごとの音声データを録音**

Zoomのアカウントを「プロ」以上にアップグレードすれば、参加者ごとの録音データを作成することができるようになります。複数の人が参加する場合、個別の録音があると後から聞き返すときに便利です。

Section 25

パソコンの画面を共有しよう

パソコンで作成した資料やウェブサイトなどをミーティング参加者に見せたい時は、「画面の共有」機能を使います。操作している画面をそのまま共有できるので、プレゼンテーションやミーティングなどでも便利に使えます。

アプリやサービスの画面を共有する

1 Zoomのメニューアイコンから「画面を共有」をクリックします。

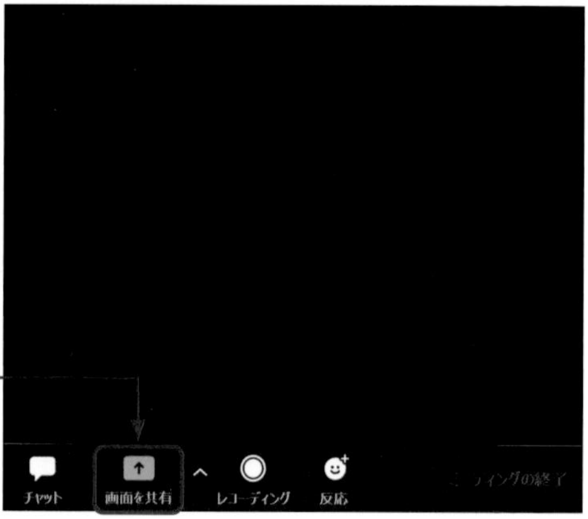

2 アプリやデスクトップなどの一覧が表示されます。共有したいアプリをクリックし、「共有」をクリックします。

3 画面が共有されました。画面上で操作している様子も共有できます（ここではブラウザの画面を共有しています）。

4 共有を停止する際は、共有画面の上部にある「共有の停止」をクリックします。

Zoomのメニューを表示する

1 共有している画面上部にマウスカーソルを移動すると、Zoomのメニューが表示されます。画面共有中にミュートなどの操作をする場合、ここを使います。

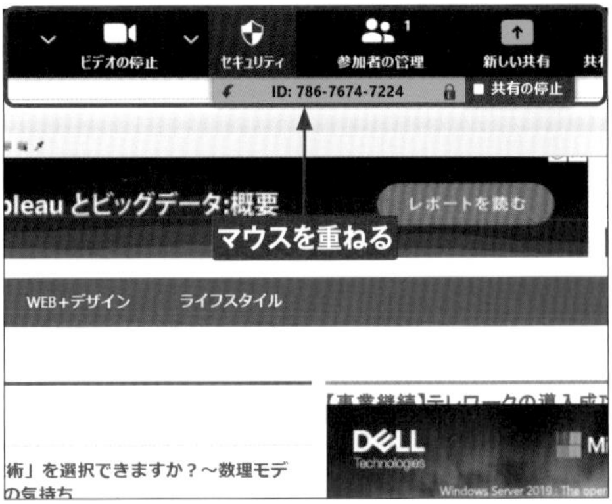

Section 26

iPad/iPhoneの画面を共有しよう

Zoomでは、パソコンからiPhoneやiPadの画面を共有することもできます。操作画面を見せながら説明することも可能です。

iPad/iPhoneの画面をZoomで共有する

1 Sec.25を参考に共有ウィンドウを表示し、「iPhone/iPad」をクリックして、「共有」をクリックします。

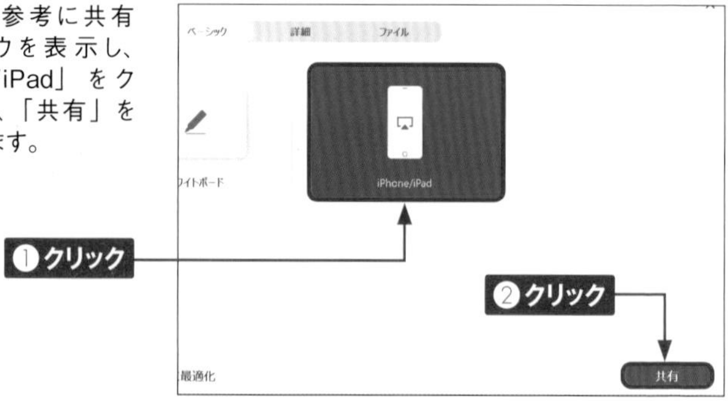

2 iPhoneの操作方法が表示されます。画面に従ってiPhone/iPadを操作します。

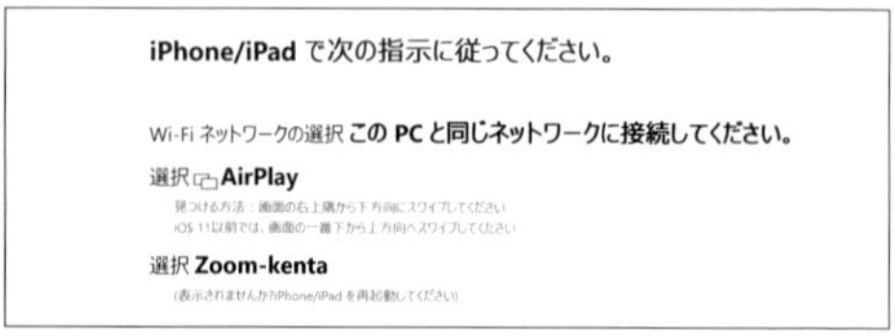

Memo プラグインをインストールする

はじめてiPhone/iPadの画面を共有する際は、プラグインをインストールする必要があります。「インストール」をクリックして、しばらく待ちましょう。

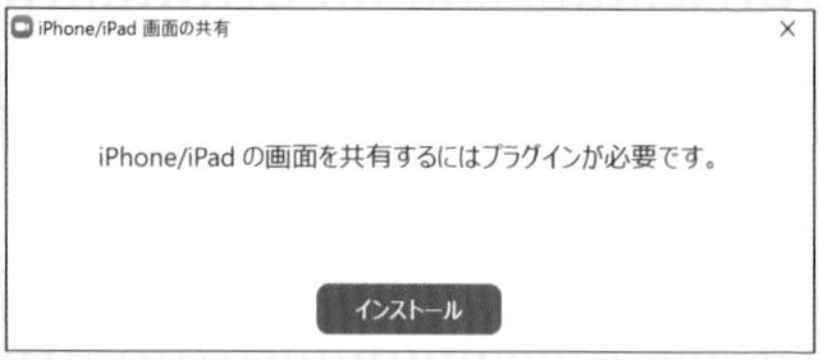

3 次にiPhoneでコントロールセンターを表示させ、「画面ミラーリング」をタップします。

4 Zoomに表示されている表示名をタップします。Zoomに接続され、画面が共有されました。

共有を停止する

1 共有を停止するには、パソコンから操作します。Sec.25と同様に「共有の停止」をクリックします。

Section 27

ホワイトボードを使って話をしよう

ミーティングの内容によっては、ホワイトボードを使って説明したい場合があります。Zoomのホワイトボード機能を使えば、Zoom上で図や絵を使って説明できます。ここではZoomのホワイトボード機能について紹介します。

ホワイトボードを共有する

1 Sec.25を参考に共有画面を開き、「ホワイトボード」をクリックし、「共有」をクリックします。

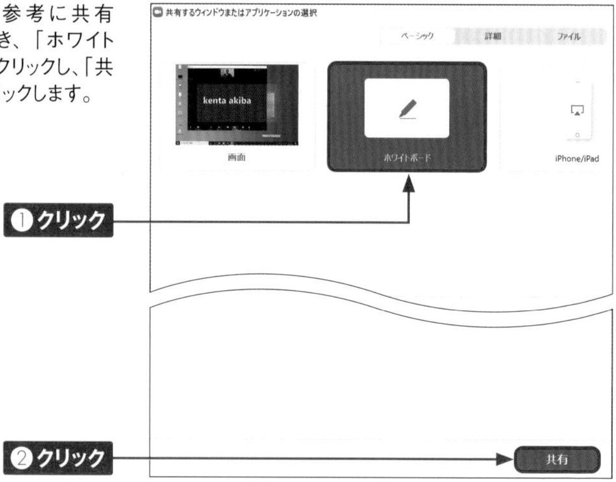

2 ホワイトボードが起動します。

イラストや文字を書く

① 上部のメニューからツールを選び、図やスタンプを追加したり、テキストなどを追記したりします。また、文字や図形の色を変えたり、位置を変えたりすることもできます。

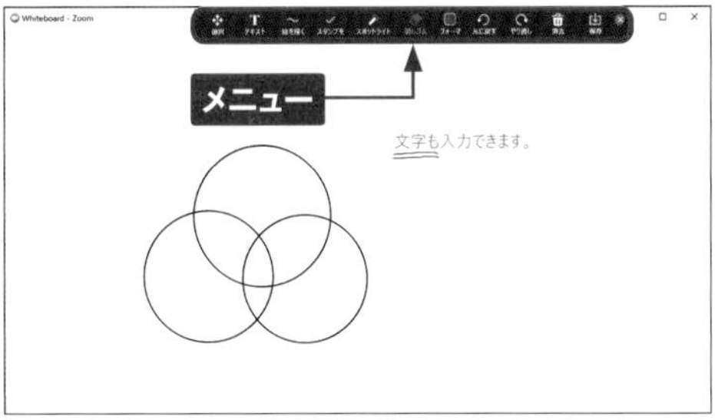

●メニューの説明

選　　択	イラストや文字を選択し、移動できるようになります。
テキスト	文字を入力します。
絵を描く	フリーハンドや図形を書くことができます。
消しゴム	イラストや文字を消すことができます。
フォーマ	図や文字の色を変更できます。
元に戻す	最後に行った操作をキャンセルして1つ前の状態に戻します。
やり直し	「元に戻す」の操作をキャンセルする場合に操作を進められます。
消　　去	ホワイトボードを消去します。
保　　存	ホワイトボードの内容をファイルに保存できます。

共有を終了する

① 画面上部にある「共有の停止」をクリックすると共有が終了します。

Section 28

字幕を表示しよう

ミーティングの内容をより正確に参加者に伝えるには「字幕」機能を使うと便利です。ここでは、ミーティングのサマリーや話している内容を字幕として配信する方法を紹介します。

字幕の設定をオンにする

1. Zoomのサイトにログインし、「設定」をクリックし、「ミーティング」をクリックします。

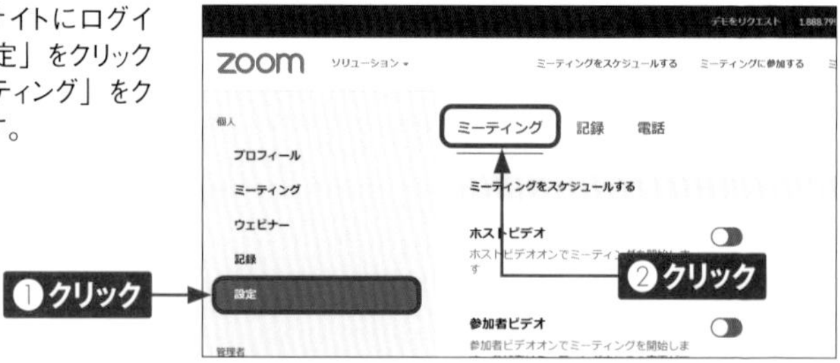

2. 「字幕機能」をオンにして、次ページの字幕の入力に進みます。

3. 確認のダイアログが開くので、ここでも「オンにする」をクリックします。

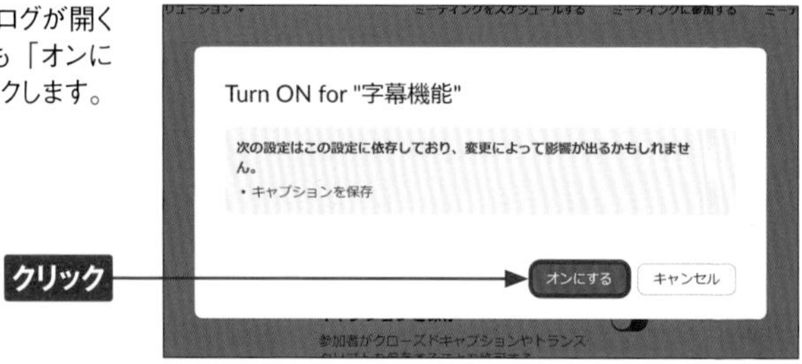

字幕を入力する

① Zoomアプリでミーティングを開催し、「字幕」をクリックします。

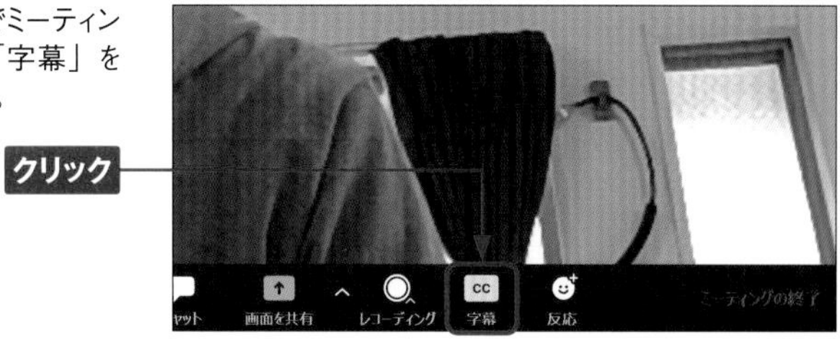

② 入力する人の割り当て画面が表示されます。参加者の中から、字幕を入力する人を割り当ててください。

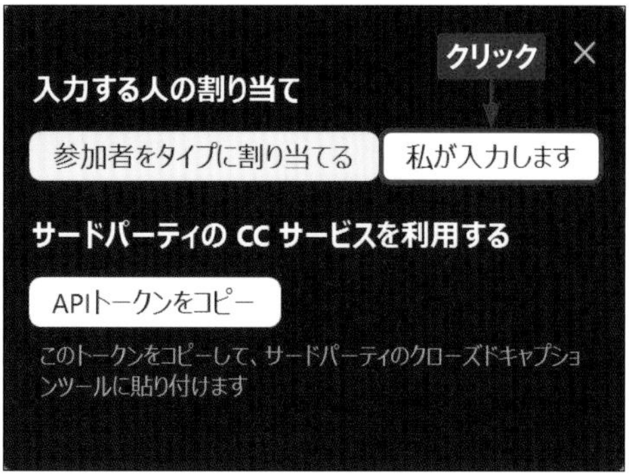

③ 字幕の入力画面が表示されるので、表示したい字幕を入力し、Enterを押します。ここでは「議題：セールス施策について」と入力しています。

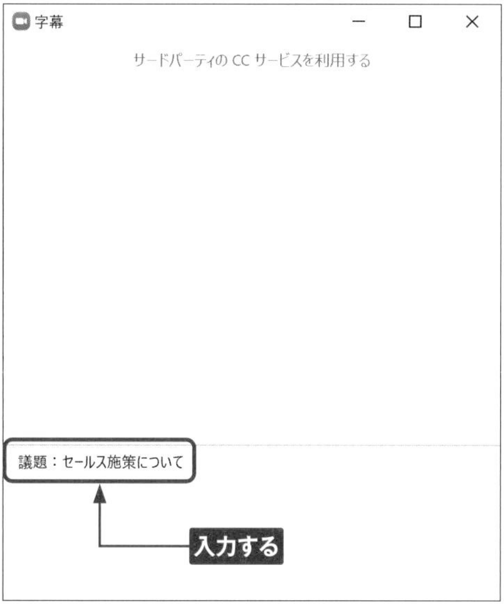

Section 29

ブレイクアウトルームを使おう

人数が多いミーティングで話がまとまらない場合、少ない人数に分けた方が効率がよくなるかもしれません。「ブレイクアウトルーム」機能を使えば、参加者を少人数に分けて議論を行うことができます。

ブレイクアウトルームを使えるように設定する

1 Zoomのサイトにサインインし、「設定」→「ミーティング」の順にクリックします。

2 ブレイクアウトルームをクリックし、オンにします。オンになっている場合、次の手順に進んでください。

Memo スケジュール作成時に、ブレイクアウトルームに割り当てる

新規スケジュールを作成した際に、参加者をブレイクアウトルームに割り当てる場合は、手順②で「スケジューリング時にホストが参加者をブレイクアウトルームに割り当てることを許可する」をオンにします。

ブレイクアウトセッションを開催する

① Zoomのミーティング画面で「ブレークアウトセッション」をクリックします。

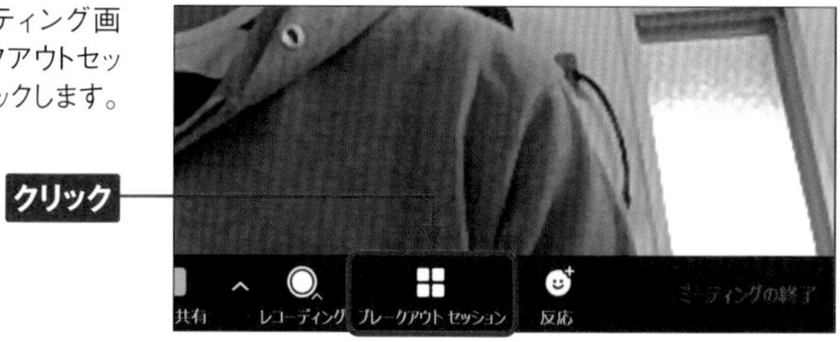

② セッションの数を設定します。セッションへの参加者は、自動でも手動でも割り当てられます。今回は「手動」を選択し、「セッションの作成」をクリックします。

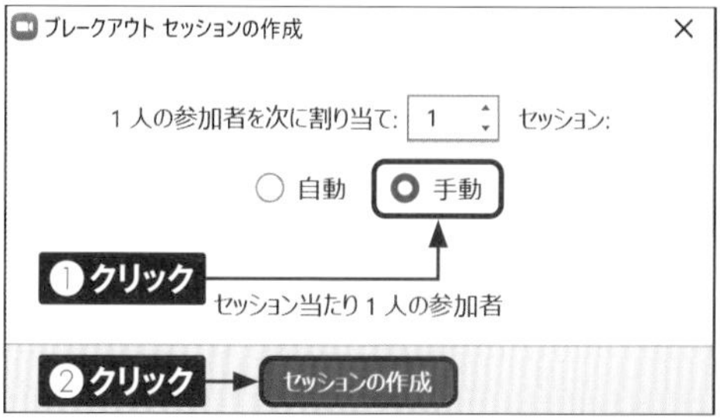

③ セッションの一覧が表示されました。「割り当て」をクリックし、セッションに割り当てる参加者を選びます。

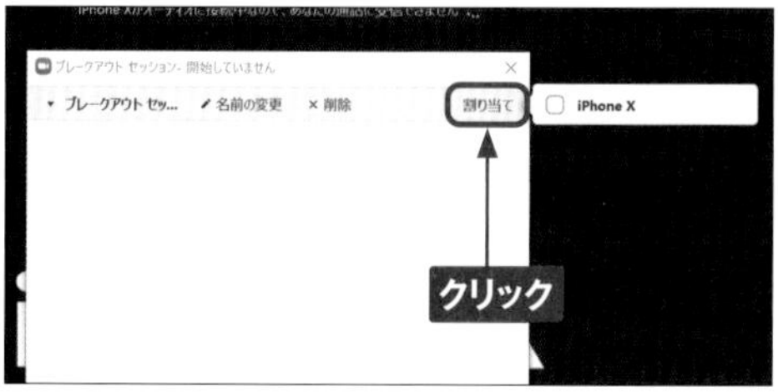

④ 割り当て後、「すべてのセッションを開始」をクリックすると、ブレークアウトセッションが開始されます。

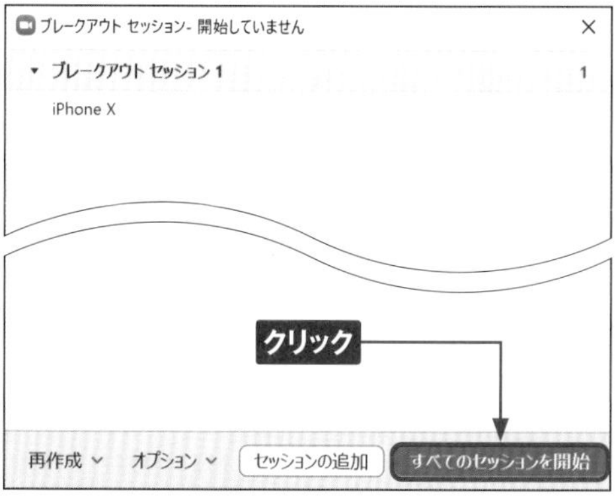

Section 30

ファイルを共有しよう

Zoomでは、パソコンで作成したファイルを共有することができます。手軽にファイルのやりとりができ便利です。ここでは、共有するための設定方法や共有方法を紹介します。

設定を変更する

1. Zoomのサイトにサインインし、「設定」→「ミーティング」の順にクリックします。

2. 「ファイル送信」がオンになっていることを確認し、オンになっていなければクリックします。

Zoomでファイルを送信する

1 Zoomのミーティング画面で「チャット」をクリックし、チャット画面を表示します。

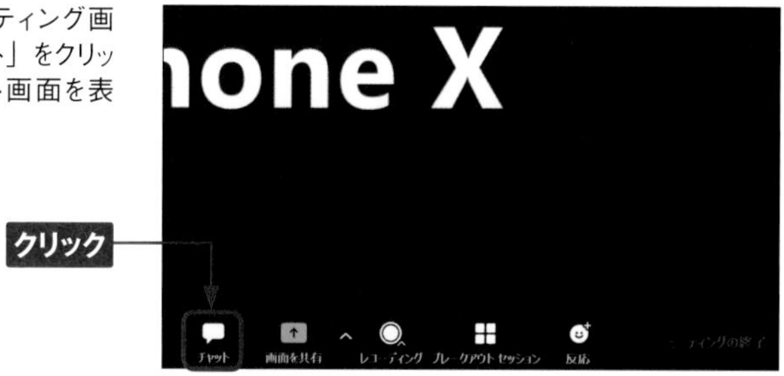

2 チャット画面が表示されたら「ファイル」をクリックします。

3 共有したいファイルを選択します。「開く」をクリックすると、ファイルが送信されます。

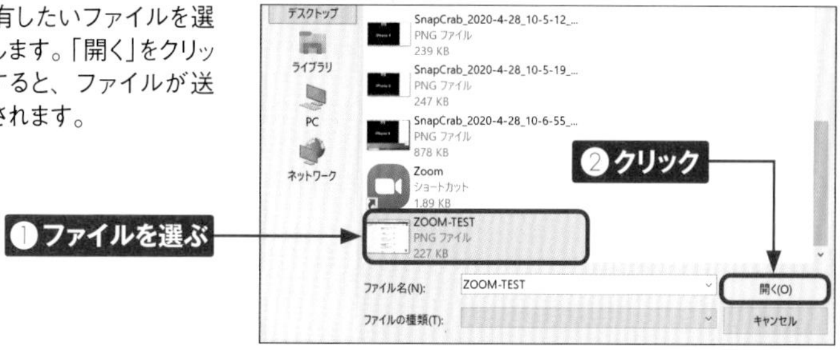

Memo オンラインストレージのファイルも送信可能

ファイルの送信元としてOneDriveやGoogle Drive、Boxなどのオンラインストレージも選択できます。

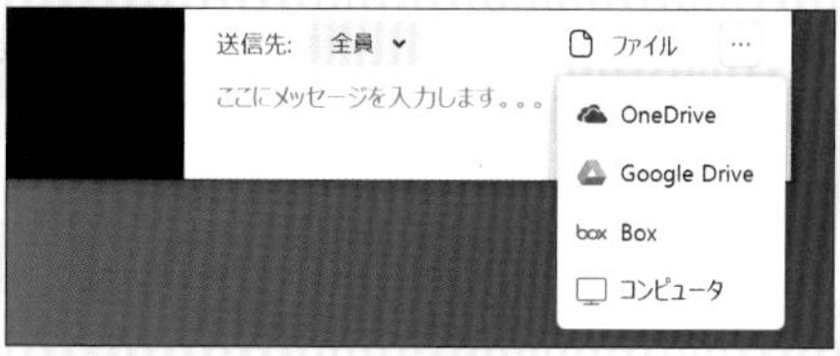

Section 31

ミーティングを終了しよう

ミーティングが終わったら主催者（ホスト）が終了しましょう。Zoomのミーティング画面から「ミーティングの終了」をクリックすると、全員が退出します。

ミーティングを終了する

① Zoomのミーティング画面から右下の「ミーティングの終了」をクリックします。

② 「全員に対してミーティングを終了」をクリックします。

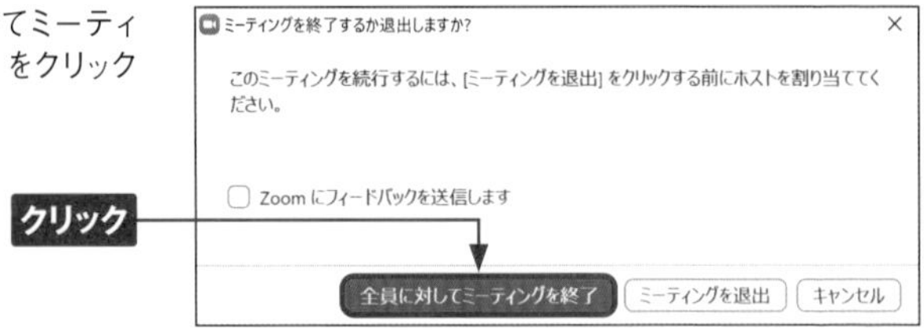

Memo ミーティングを退出する

ホスト以外の参加者は「ミーティング」を終了させることはできません。抜けたいときは自分だけ退出します。操作方法はP.46を参照してください。

第4章

スマートフォンで Zoomを使おう

Section 32 アプリをインストールしよう
Section 33 サインインしよう
Section 34 ミーティングに参加しよう
Section 35 ミーティングを開こう
Section 36 ファイルを共有しよう
Section 37 ホワイトボードを使おう
Section 38 バーチャル背景を使おう

Section 32

アプリをインストールしよう

スマートフォンからZoomを使うには、App StoreやGoogle Playストアで配信されているアプリをインストールする必要があります。ここでは、iPhoneを例にアプリのインストール方法を説明します。

Zoomのアプリを iPhoneにインストールする

① iPhoneのホーム画面で「App Store」をタップします。

② アプリが開いたら、「検索」タブをタップします。

③ 検索画面が開いたら、検索窓をタップします。

④ 「Zoom」と入力し、「検索」または「search」をタップします。

5 次の画面で<ZOOM Cloud Meetings>をタップします。

6 「入手」をタップします。Apple IDの認証を求められた場合、パスワードを入力します。

7 アプリのインストールが始まるので、完了するのを待ちます。

8 インストールが完了したら、「開く」をタップし、アプリを起動します。

Memo Androidにアプリをインストールする

Androidスマートフォンの場合、Google Playストアで「Zoom」と検索し、<ZOOM Cloud Meetings>の「インストール」をタップするとアプリのインストールが始まります。

Section
33 サインインしよう

スマートフォン用のZoomもサインインせずに使うことができますが、サインインすることでより便利に活用できます。なお、ユーザー登録の方法についてはSec.06を参照して下さい。

Zoomのアプリでサインインする

① iPhoneのホーム画面を開き、「Zoom」をタップします。

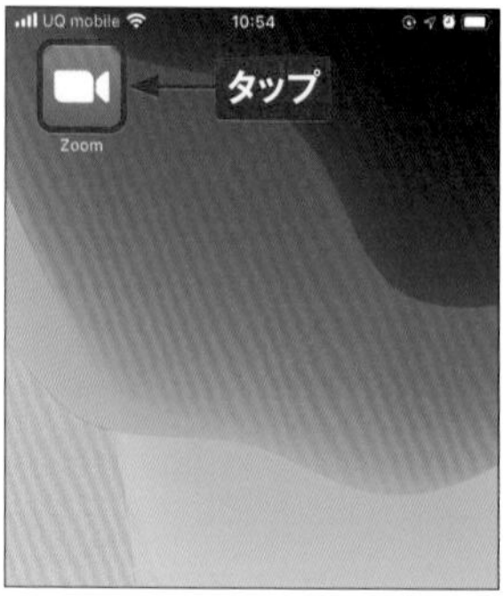

② アプリが開いたら、「サインイン」をタップします。

③ サインイン画面が開いたら、「メールアドレス」をタップ。

④ 次にパスワードを入力し、「サインイン」をタップします。

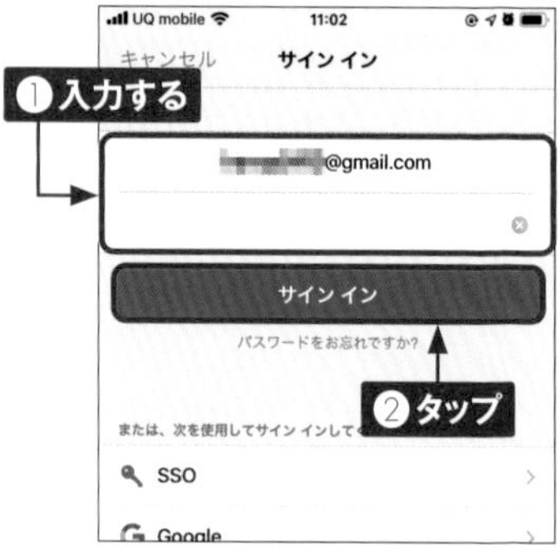

⑤ 初めてアプリでサインインすると、このメッセージが表示されるので、「許可」をタップします。

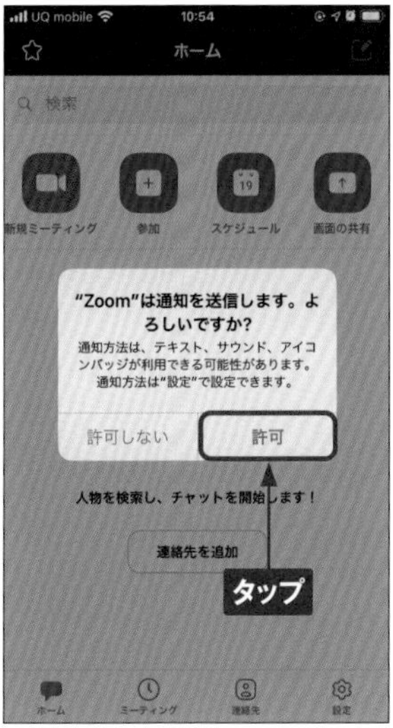

⑥ サインインが完了しました。「設定」タブをタップします。

⑦ 設定画面が開いたら、ユーザー名をタップします。

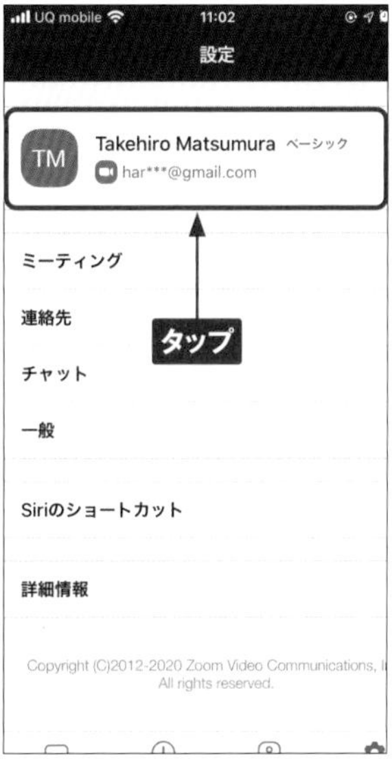

⑧ プロファイル画面では、写真を変更したり、パーソナルミーティングIDを確認したりできます。

Section 34

ミーティングに参加しよう

スマートフォン用にZoomアプリをインストールしておけば、モバイルデータ通信やWi-Fi通信を利用することで、どこからでもZoomミーティングに参加することができるようになります。

スマートフォンからミーティングに参加する

1 「Zoom」を開き、「ホーム」タブをタップし、「参加」をタップします。

2 ミーティングIDを入力し、「参加」をタップします。

3 ミーティングパスワードを入力し、「続行」をタップします。

4 マイクへのアクセス権限を求められたら、「OK」をタップします。

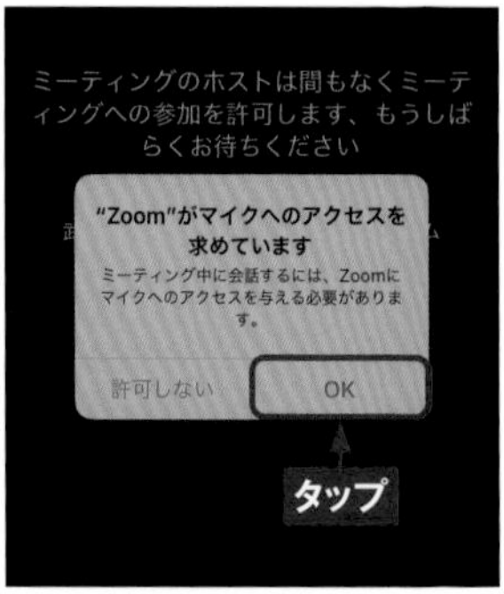

5 オーディオへの参加確認画面が開いたら、「インターネットを使用した通話」をタップします。

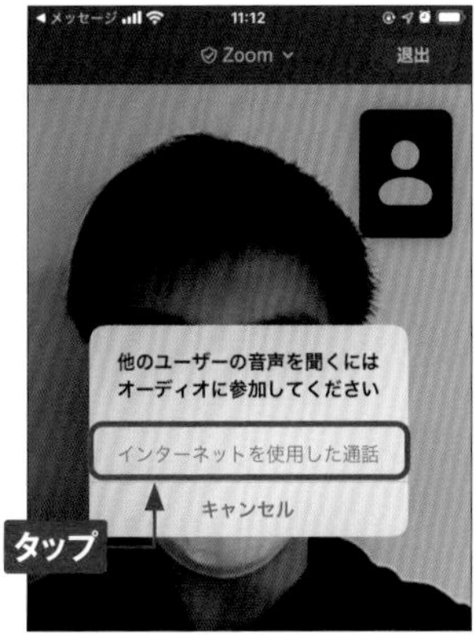

6 ビデオ付きで参加するには「ビデオの開始」をタップし、カメラへのアクセス権限で「OK」をタップします。

7 オーディオやビデオを消したいときは「ミュート」や「ビデオの停止」をタップ。退出するときは「退出」をタップします。

8 「会議を退出」をタップすると、ミーティングから退出します。

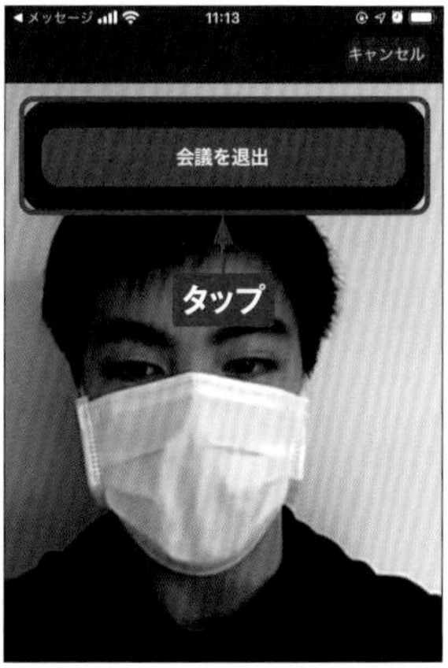

Memo ミーティングコントロールを表示する

オーディオやビデオなどの操作には、ミーティングコントロールを使用します。ミーティングコントロールの表示／非表示を切り替えるには、画面内のどこかをタップします。

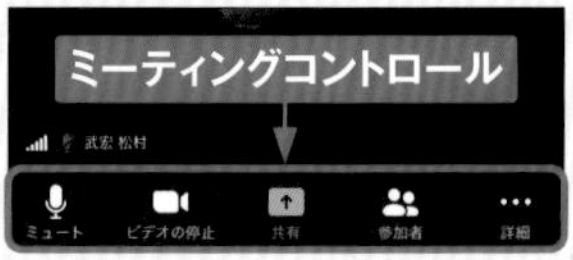

Section 35

ミーティングを開こう

スマートフォン用のZoomアプリを使ってミーティングを開くこともできます。ミーティングに参加する場合と同じように、どこにいてもミーティングのホストになることができます。

スマートフォンからミーティングを開く

① Sec.33手順①に従って「Zoom」を起動して、「ミーティング」タブをタップします。

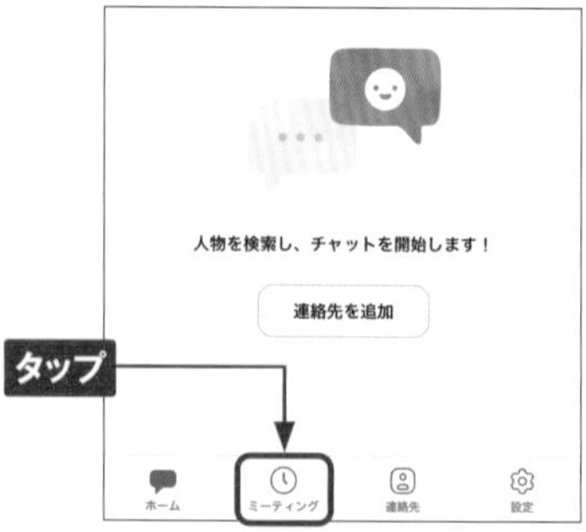

② 「招待の送信」をタップし、招待したい人にメッセージを送ったら「開始」をタップします。

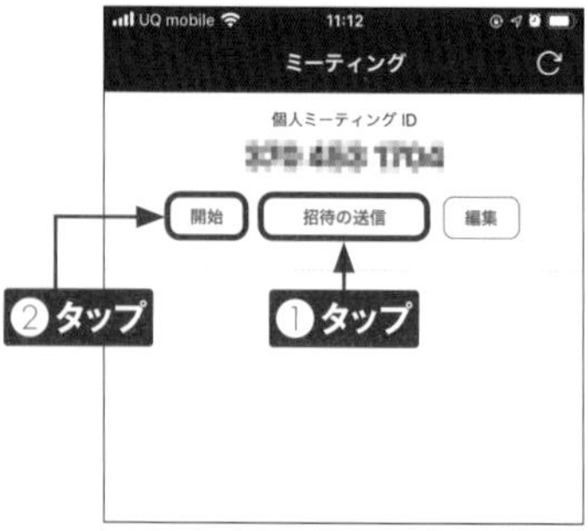

③ オーディオへの参加を確認されるので、「インターネットを使用した通話」をタップします。

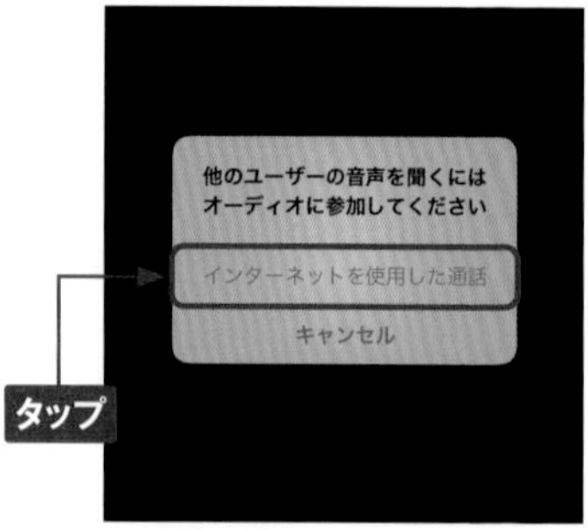

④ ビデオがオンになっていない時は「ビデオの開始」をタップして映像を表示します。

⑤ ビデオがオンになりました。他のメンバーが参加するのを待ちます。

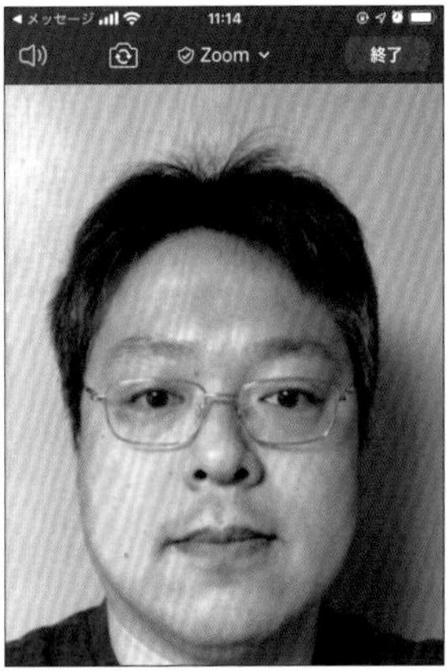

⑥ メンバーが参加すると許可するかどうか確認を求められるので、「許可する」をタップします。

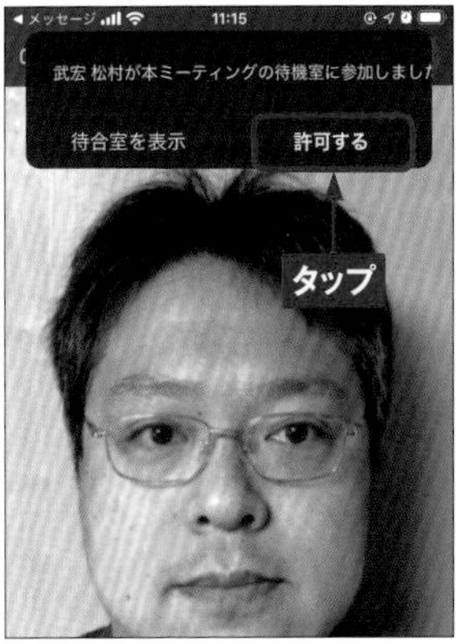

⑦ ミーティングを終了する時は「終了」をタップします。

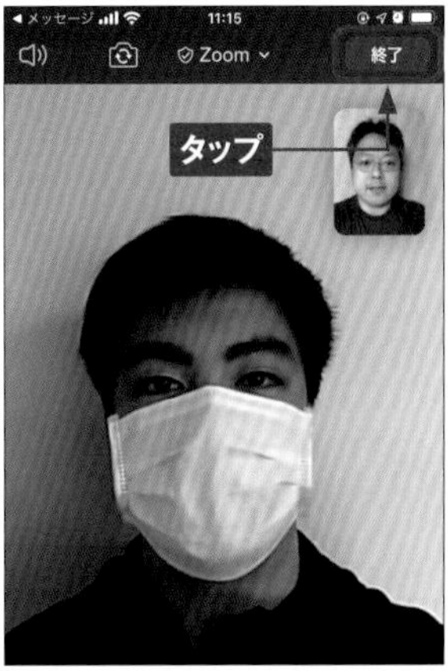

⑧ 「全員に対してミーティングを終了」をタップすると、ミーティングが終了します。

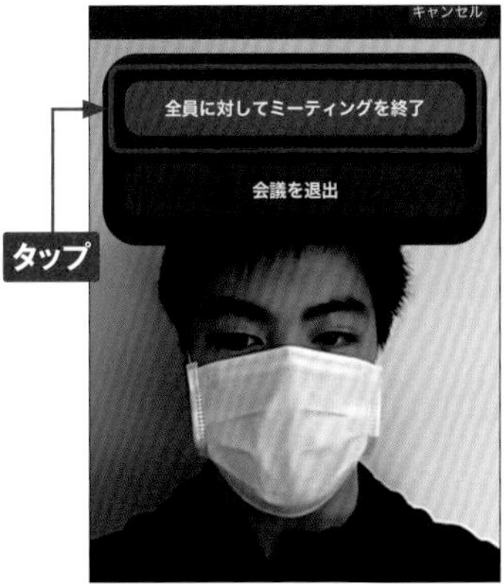

Memo ミーティングパスワードを確認するには

ミーティングへ参加する時に必要となるミーティングパスワードは、手順②で「編集」をタップすると表示される＜個人ミーティングID＞で確認したり、変更したりすることができます。

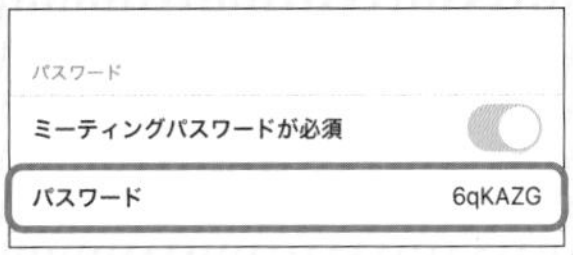

Section

36 ファイルを共有しよう

スマートフォン用のZoomでは、撮影した写真やクラウドストレージのファイルなどをメンバーと共有することができます。ここでは、共有する方法について覚えておきましょう。

スマートフォンからファイルを共有する

1 Sec.35の手順に従ってミーティングを開いたら、ミーティングコントロールの「共有」をタップします。

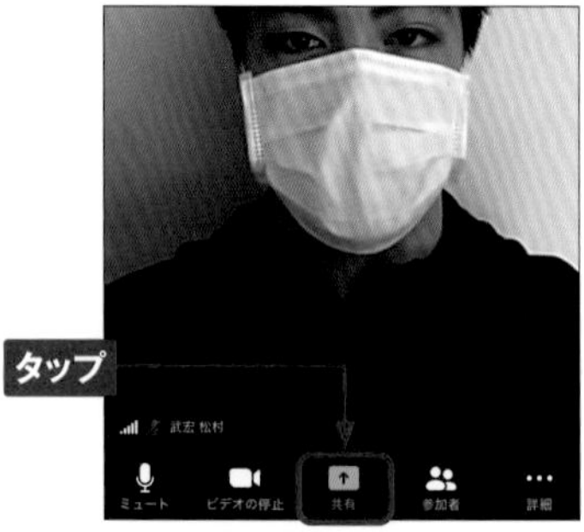

2 共有できるファイルやテキストなどの種類が表示されます。ここでは「写真」をタップします。

3 初めてファイルを共有するときにはアクセス権限を求められるので、「OK」をタップします。

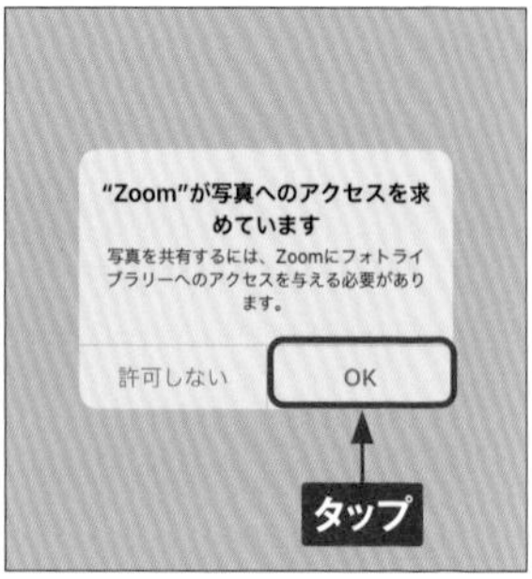

4 共有したい写真をタップして選び、「完了」をタップします。

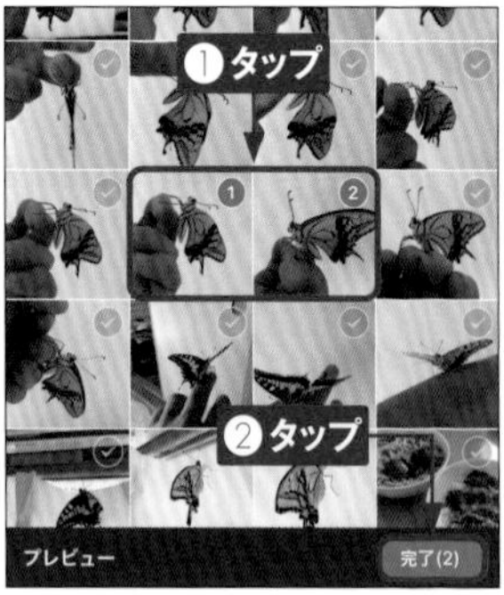

⑤ 共有したファイルが表示されました。複数の写真を表示する場合、左右にスライドします。

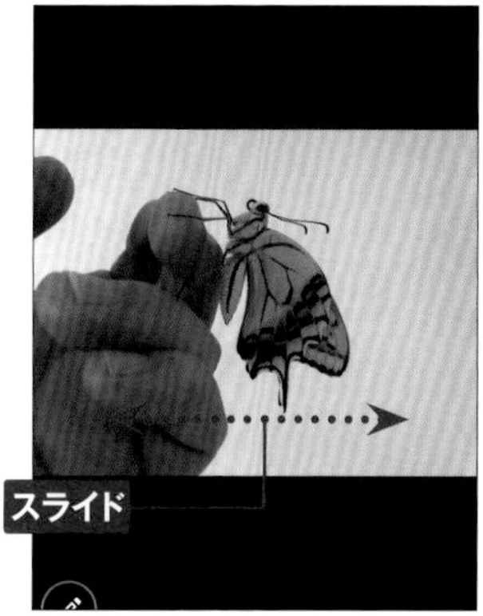

⑥ 共有したファイルに手描きで注釈を加えるには✎をタップします。

⑦ 画面を指でなぞると注釈が描かれ、共有した人の画面にも表示されます。書き込みを終えるには✎をタップ。

⑧ 「共有の停止」をタップするとファイルの共有が終了し、手順①の画面に戻ります。

Memo 参加者に画面の共有を許可する

ホストだけでなく参加者にもファイルの共有を許可する場合は、ミーティングコントロールの「詳細」タブ→「ミーティング設定」の順にタップし、「画面の共有」をタップしてオンにします。

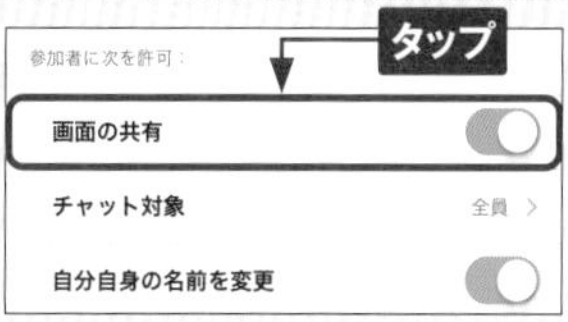

Section 37 ホワイトボードを使おう

Androidスマートフォン用のZoomでは、ホワイトボード機能を利用することができます。ミーティング中に書き込んだ内容を保存して、画像ファイルとして後で参照することも可能です。

Androidスマートフォンでホワイトボードを利用する

1 Sec.35の手順に従ってミーティングを開いたら、ミーティングコントロールの「共有」をタップします。

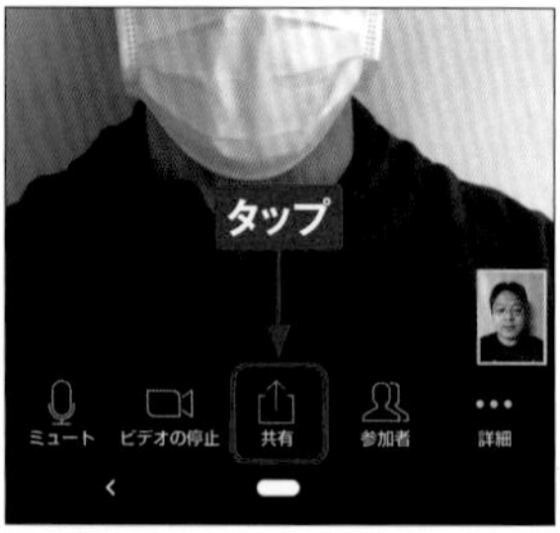

2 開いたメニューから「ホワイトボードの共有」をタップします。

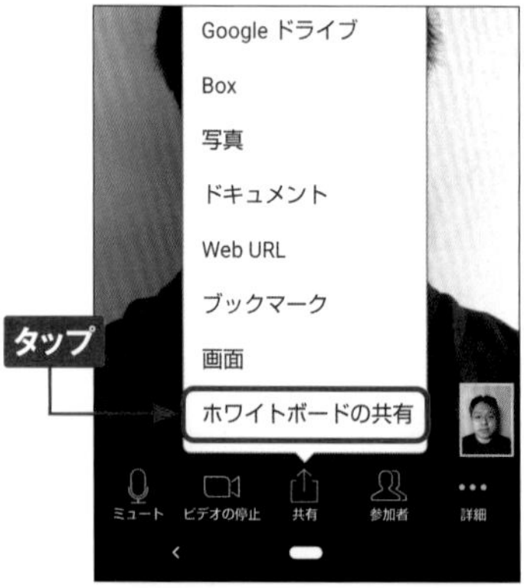

3 新しいホワイトボードが開いたら をタップします。

4 指でなぞると文字が描けます。 をタップして線の太さや色を変えることもできます。

5 内容を保存するにはツールチップの「…」をタップし、「アルバムに保存」をタップします。

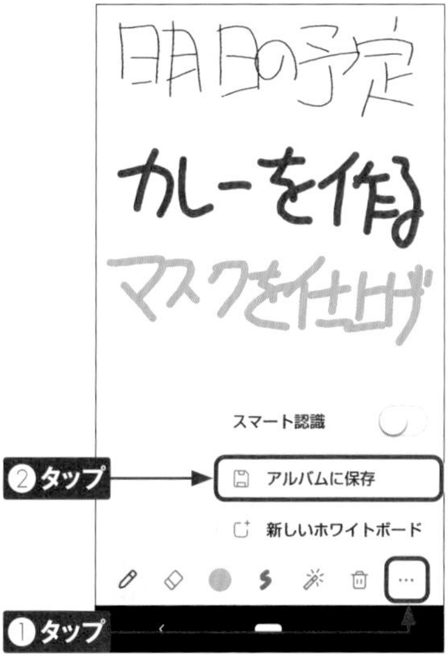

6 ホワイトボードへの書き込みを終わらせるには「×」をタップします。

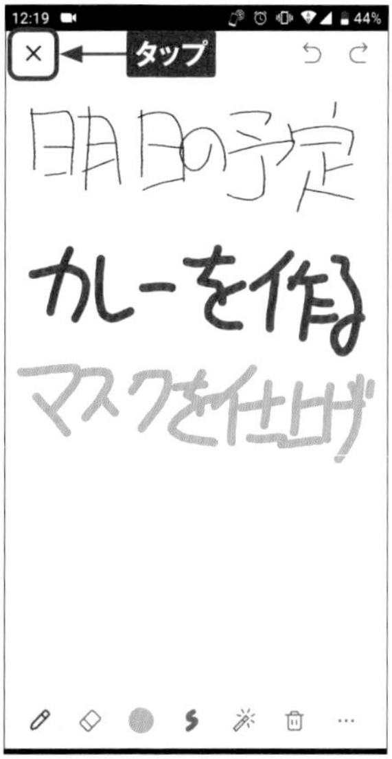

7 ホワイトボードの共有を終了するには、ミーティングコントロールの「共有の停止」をタップします。

8 ホワイトボードの共有が終了し、手順①の画面に戻ります。

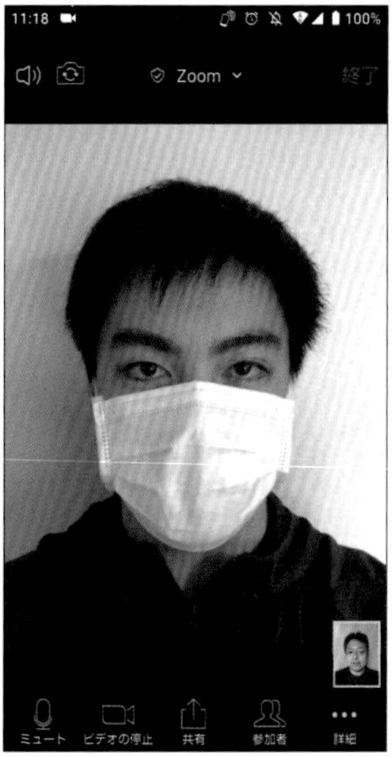

Section 38

バーチャル背景を使おう

iPhoneやiPadの最新機種ではパソコン同様にバーチャル背景を使えます。背景が気になる場合には、バーチャル背景を使ってZoomを使うといいでしょう。ここでは、iPhone 11を例に、バーチャル背景を使う方法を紹介します。

バーチャル背景を指定する

1 「新規ミーティング」をタップするか、「参加」をタップし、ミーティングを開始します。

2 ミーティング画面が開いたら、「詳細」をタップします。

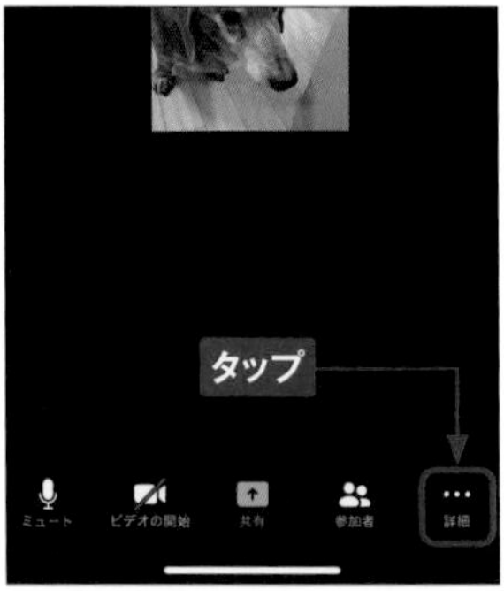

3 詳細画面が開いたら、バーチャル背景をタップします。

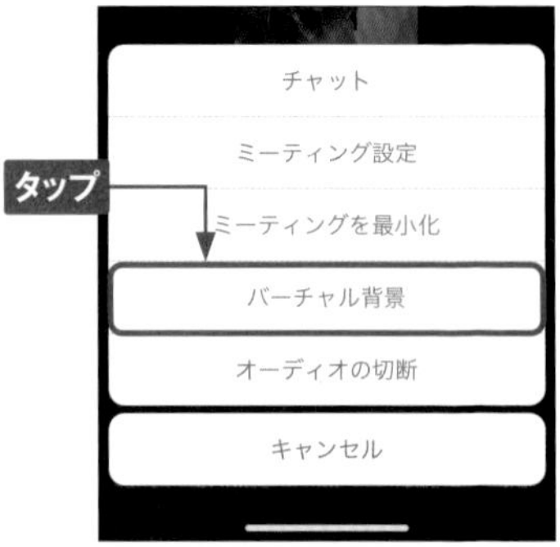

4 バーチャル背景に設定したい画像を選び、タップします。

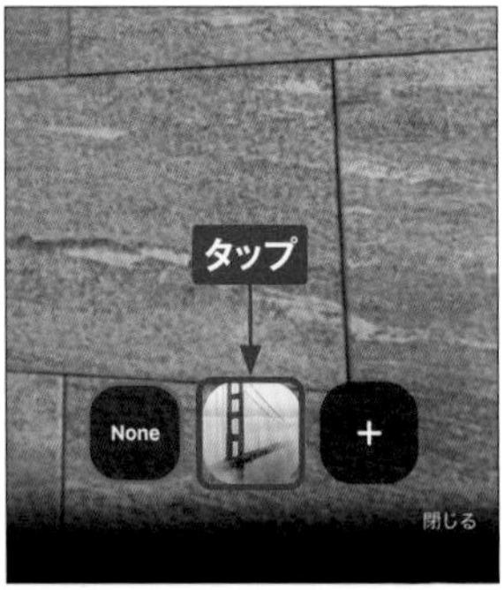

5 バーチャル背景が設定されました。「閉じる」をタップします。

6 Zoomの画面に戻るとバーチャル背景が設定されています。

バーチャル背景の画像を追加する

1 手順⑤まで進み、「＋」をタップします。

2 「写真へのアクセスを求めています」と表示されたら「OK」をタップ。

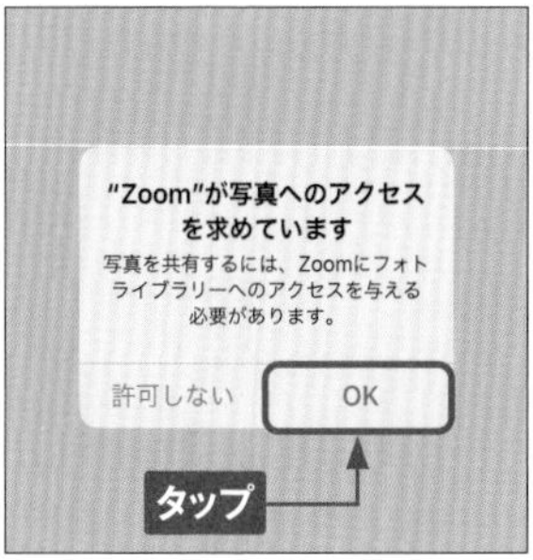

3 背景にしたい写真をタップし、「完了」をタップします。

4 選んだ写真が、バーチャル背景として選択できるようになりました。

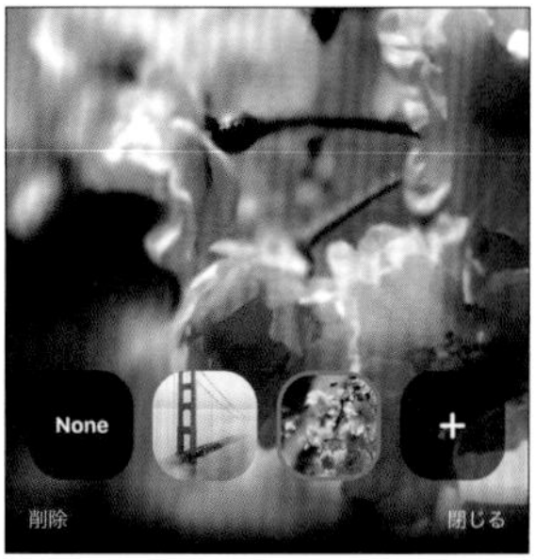

バーチャル背景の画像を削除する

① 手順⑤まで進み、「削除」をタップします。

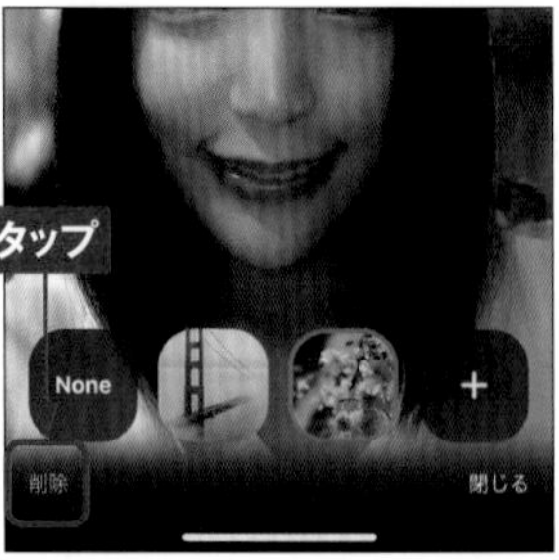

② バーチャル背景を削除することができました。

現在の会議室のみにバーチャル背景を使う

① Zoomアプリを開き「設定」をタップします。

② 設定画面が開いたら、「ミーティング」をタップします。

③ 「次のためにバーチャル背景を保存」をタップします。

④ 「現在のミーティング専用」をタップします。

第5章

もっとZoomを使いこなそう

Section 39 別のアカウントに切り替えよう
Section 40 ミーティング中に名前を変更しよう
Section 41 「手を挙げる」ボタンで意見を述べよう
Section 42 チャット機能を制限しよう
Section 43 ファイル送信機能を制限しよう
Section 44 参加者のパソコンを操作しよう
Section 45 参加者の音声を遠隔操作でミュートしよう
Section 46 参加者の1人を大きく表示する
Section 47 ミーティングの様子をYouTubeにライブ配信しよう
Section 48 オンラインセミナーを開催しよう

Section 39

別のアカウントに切り替えよう

「仕事」だけでなく「プライベート」でもZoomを使っている場合、用途ごとにアカウントを用意し、使い分けると便利です。ここでは、Zoomアカウントを切り替える方法を紹介します。

新規アカウントを追加する

① Zoomのクライアントアプリで、「ユーザーアイコン」をクリックします。

② メニューが表示されたら、「アカウントの切り替え」をクリックします。

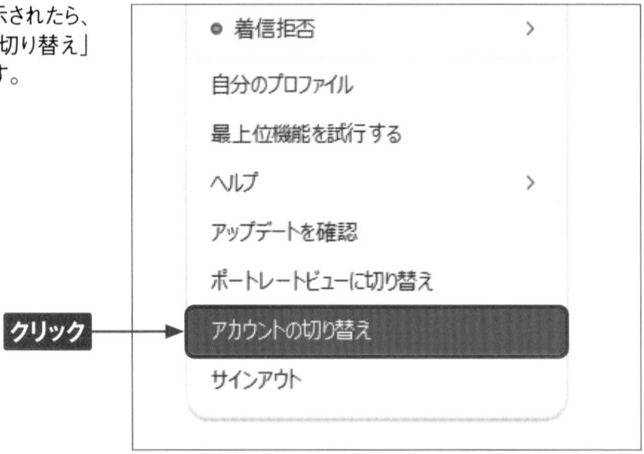

③ 切り替えたいZoomアカウントのID／パスワードを入力し、サインインをクリックします。アカウントを新規登録する場合、Sec.06を参照して、アカウントを作成しサインインします。

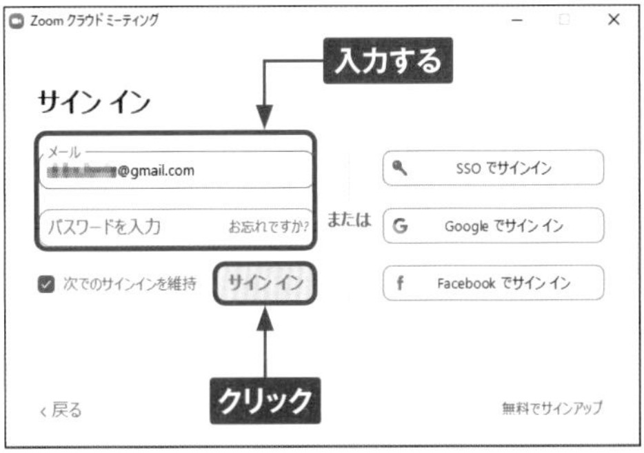

④ ユーザーが切り替えられました。ユーザーアイコンをクリックし、アカウントが切り替えられたことを確認します。

Memo Googleでサインインする場合

手順③で、Googleなどを使ってサインインすると、ブラウザが起動し、Google等のサービス認証画面が開きます。認証後、クライアントアプリが自動的に起動しますが、起動しない場合は「Zoomを立ち上げる」ボタンをクリックします。

Section 40 ミーティング中に名前を変更しよう

Zoomでは、ミーティング中に表示されている名前を変更することができます。ミーティングに合わせてわかりやすい名前に変更しましょう。名前の変更は、参加者本人が行うかホストが行います。

表示名を変える

1 「参加者」または「参加者の管理」（ホストの場合）をクリックします。

2 「参加者」ウィンドウが開くので、自分の名前にマウスカーソルを移動し、「詳細」をクリックします。

3 「名前の変更」をクリックします。

4 変更したい名前を入力し、「OK」をクリックします。

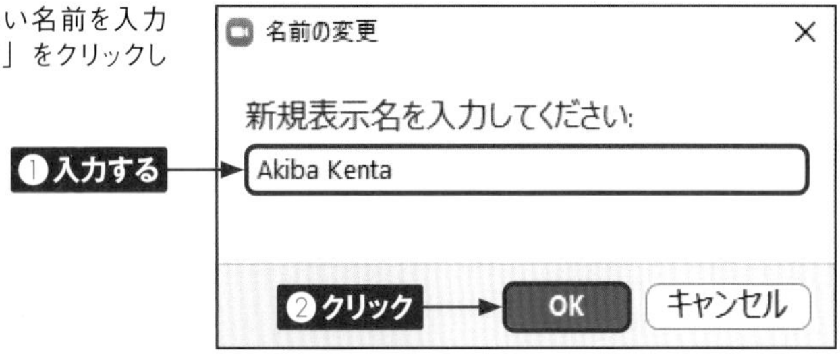

5 名前が変更されました。

Memo ホストは参加者の名前を変更できる

ミーティングのホストは、参加者の名前を同様の手順で変更できます。ミーティングで名前を変更できず困っている参加者がいたら、ホストが名前を変更しましょう。

Section 41

「手を挙げる」ボタンで意見を述べよう

ウェビナーやミーティングで、ホストからミュートされている場合があります。ミュートされているときに質問や意見があれば「手を挙げる」機能を活用し、ホストにアピールしましょう。

手を挙げてホストに気づいてもらう（参加者）

1 ミーティングの画面から「参加者」をクリックします。

2 「参加者」ウィンドウが開いたら「手を挙げる」ボタンをクリックします。

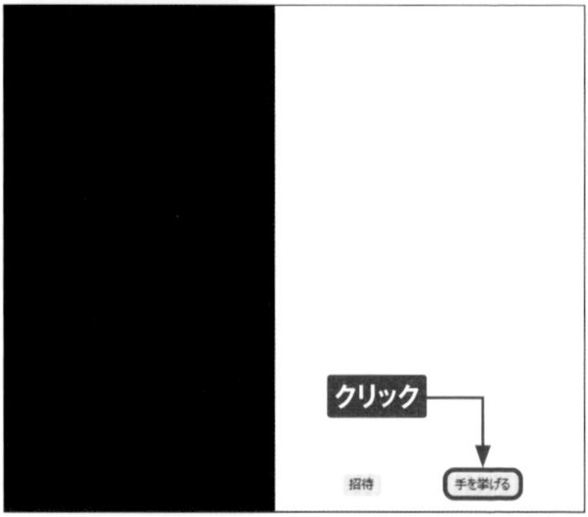

3 名前の横に「手を挙げる」アイコンが表示されました。手を降ろすには「手を降ろす」ボタンをクリックします。

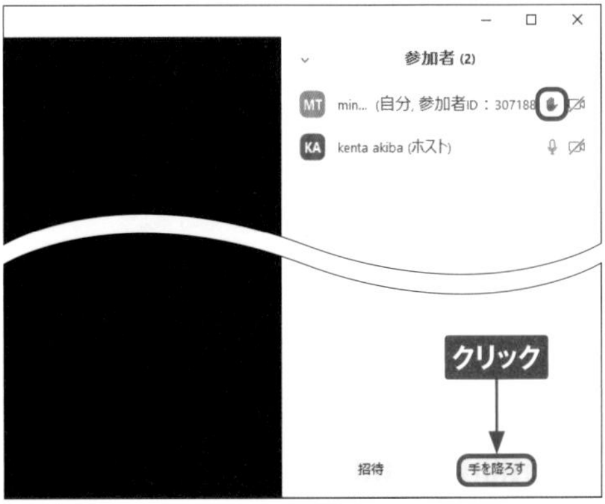

挙手に気づいたらミュートをはずす（ホスト）

1 参加者が手を挙げると「●●が手を挙げました」と表示されるので「参加者」をクリックします。

2 参加者ウィンドウで手を挙げている人を確認します。

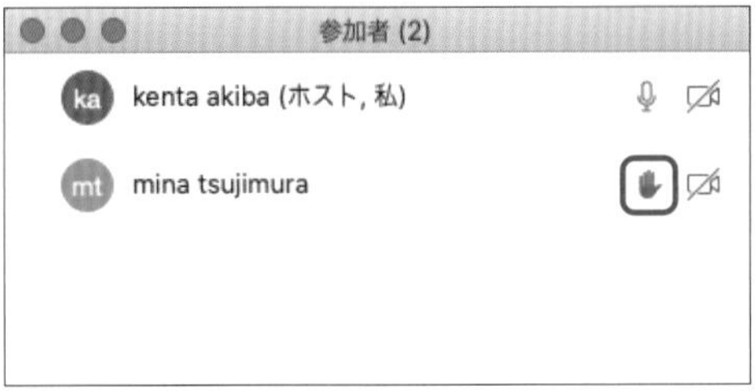

3 音声で質問を受け付ける時には手を挙げている人を選び、「ミュートの解除を求める」ボタンをクリックし、参加者がミュートを解除します。

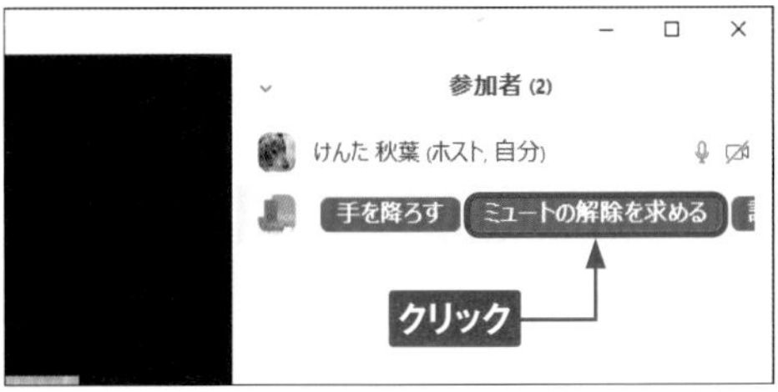

Section 42

チャット機能を制限しよう

Zoomではミーティング中に「チャット」を使って自由にコミュニケーションをとることができます。しかし、ホストの権限でチャットが使えないように制限することもできます。ここでは、ホスト側の操作として、チャットを制限する方法を紹介します。

Zoomアプリでチャットを制限する

1 Zoomのクライアントアプリから「チャット」をクリックします。

2 チャットウィンドウで「…」をクリックし、制限する内容を選択します。

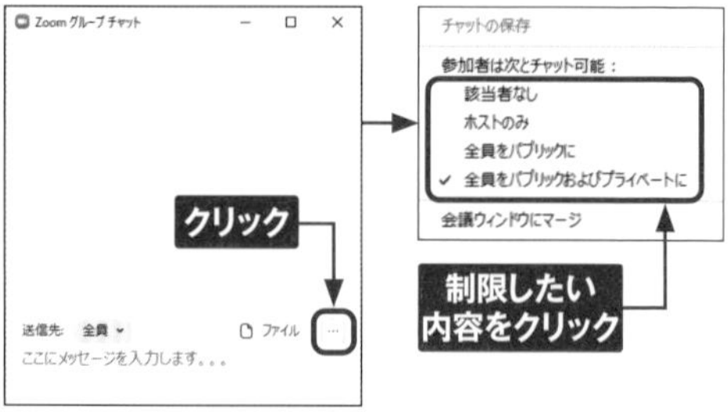

Memo 参加者同士でチャットする

チャットが制限されていると、チャット画面には「チャットがホストにより既に無効にされています」と表示されます。この表示が出なければ、参加者同士でチャットすることができます。P.40を参考にしてください。

すべてのミーティングでチャットを制限する

1 ブラウザでZoomのサイトにサインインし、「設定」→「ミーティング」の順にクリックします。

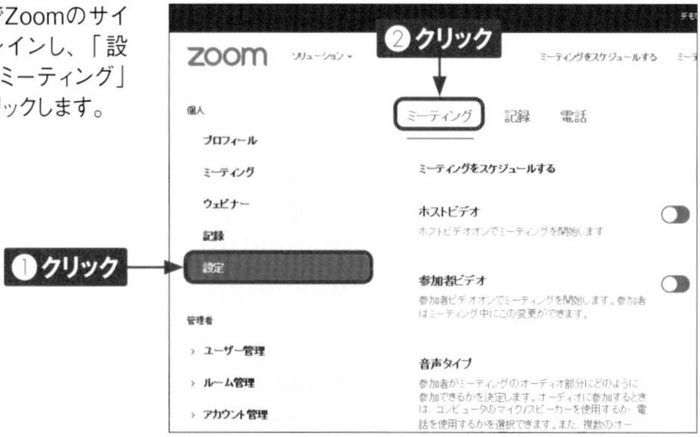

2 「チャット」の項目を探し、オンになっていれば「オフ」に変更します。

3 Turn OFF for "チャット"のダイアログ画面が開いたら、「オフにする」をクリックします。

Section 43

ファイル送信機能を制限しよう

Zoomでは、チャット画面からファイルの送信ができますが、セキュリティの観点からファイルの送信を制限したいという場合も少なくありません。ここではホストとしてファイルの送信を制限する方法を紹介します。

Webサイトから設定する

1. WebブラウザーでZoomのサイトに「サインイン」し、「設定」→「ミーティング」の順にクリックします。

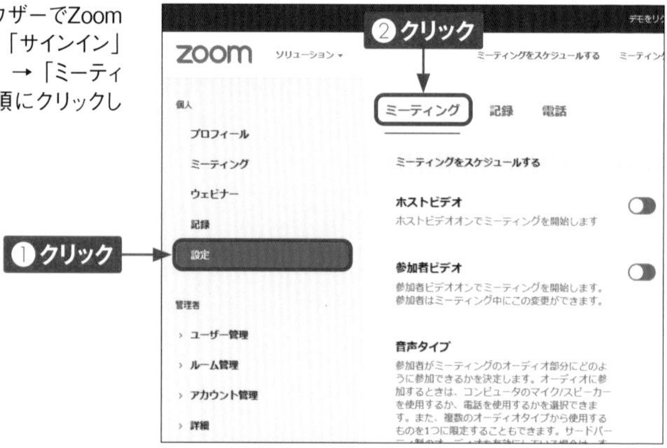

2. 「ファイル送信」をクリックし、ファイルの送信をオフにします。

③ これでミーティング時にファイルを送信できなくなりました。

④ Zoomを起動し、「チャット」画面を開くと「ファイル」のボタンがなくなっています（Sec.17手順③を参照）。

Memo クライアントアプリからWebの設定画面を開くには

Zoomのクライアントアプリから Web設定画面を開くことができます。アプリを起動し「歯車」アイコンをクリックし、Zoomの「設定」画面を開きます。「さらに設定を表示」をクリックするとWebブラウザーが起動し、設定画面を開くことができます。

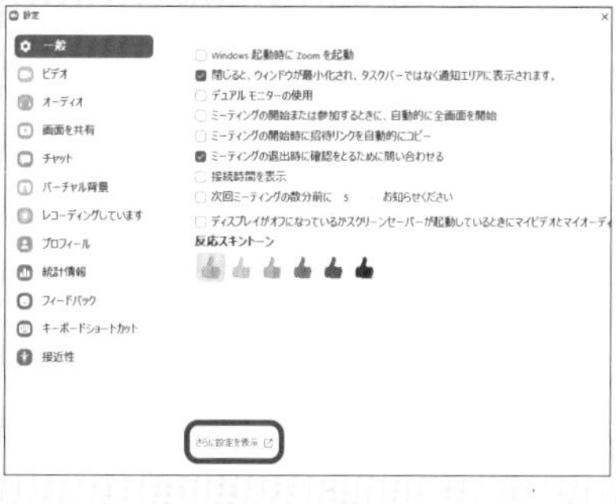

Section 44

参加者のパソコンを操作しよう

Zoomでは、画面を共有している参加者のパソコンを、ホストがリモート操作することを可能にしています。操作の説明などでも使える機能なので、やり方を覚えておきましょう。

参加者のパソコンを操作する

① Sec.25を参考に、パソコンを操作したい参加者に画面を共有してもらいます。

② 「オプションを表示」をクリックし、「リモート制御のリクエスト」をクリックします。

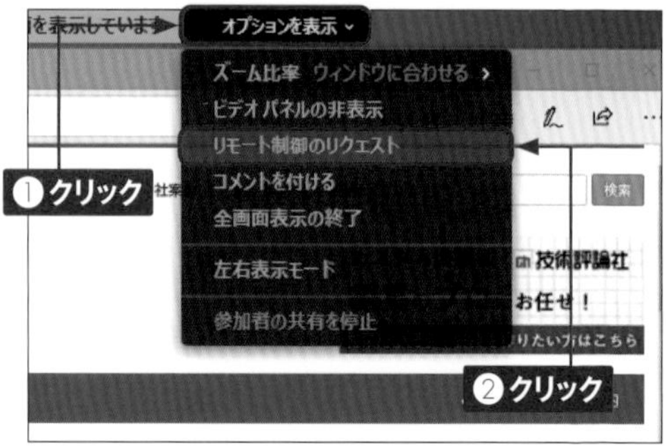

Memo 参加者同士が画面を操作する

上記ではホストが参加者のパソコンを操作していますが、参加者がホストの画面を操作したり、参加者同士でリモート操作したりすることもできます。

3 リモート制御のリクエストのダイアログが開くので「リクエスト」をクリックします。

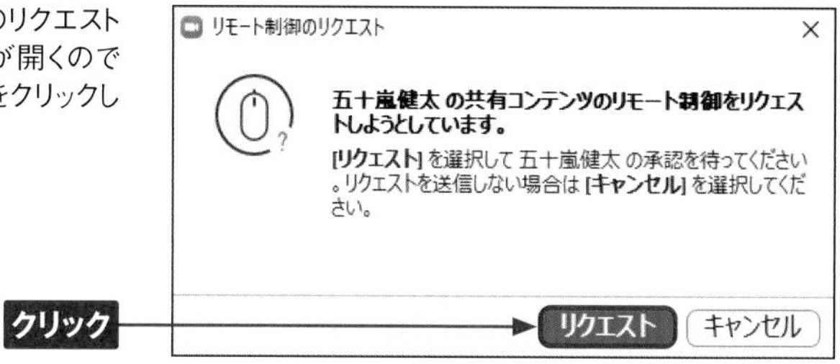

4 リモート操作される側にも「承認」を促すダイアログが表示されます。相手がリクエストを承認すると、パソコンを操作できるようになります。

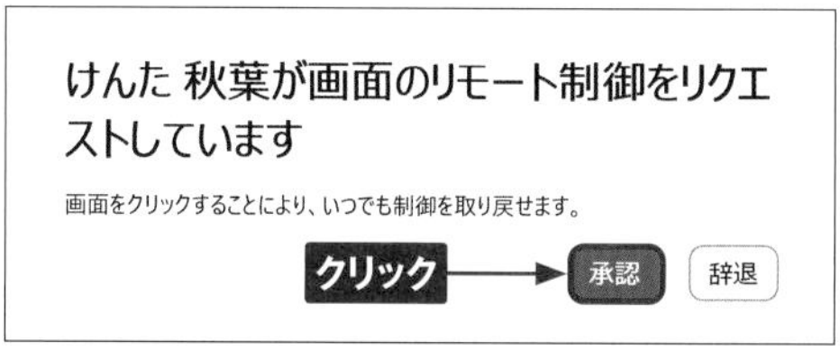

5 画面上部に「●●の画面を制御しています」と表示され、リモート操作できる状態になっているのが確認できます。

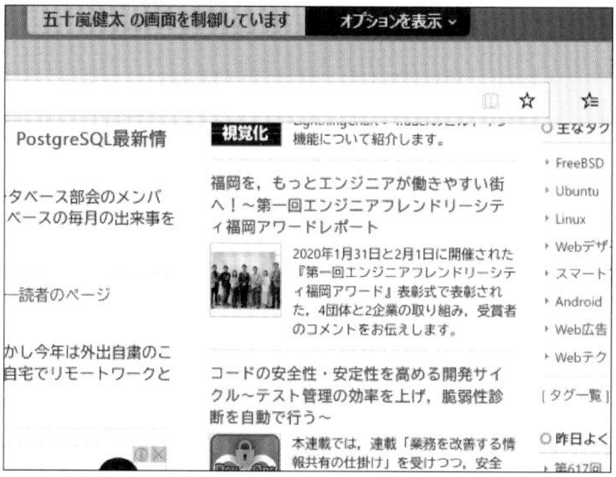

6 操作を終了するには、「オプションを表示」をクリックし、「リモート制御権放棄」をクリックします。

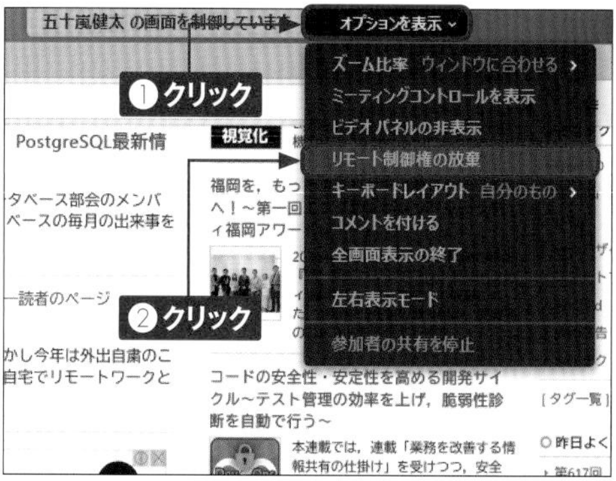

Section 45

参加者の音声を遠隔操作でミュートしよう

ミーティング中に発言者以外の音声を遮断しなければならない場合は、主催者（ホスト）は遠隔操作で参加者の音声をミュートしましょう。参加者を個別にミュートしたり、全員をミュートしたりすることもできます。

参加者を個別にミュートする

① Zoomのミーティング画面で「参加者の管理」をクリックします。

② 参加者の一覧が表示されます。ミュートしたい参加者にマウスカーソルを移動し、「ミュート」をクリックします。

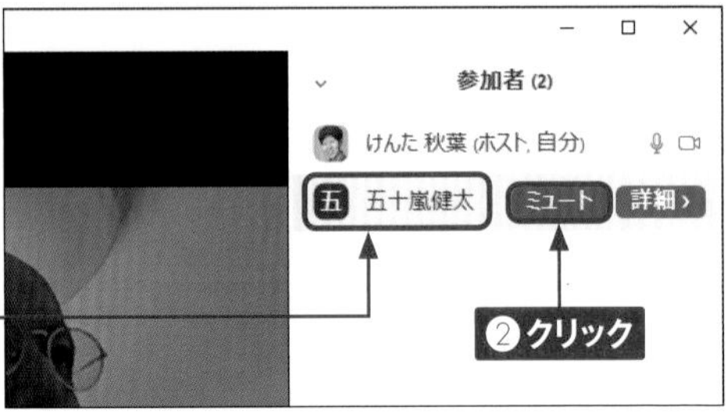

Memo ミュートの解除をリモートで行う

再び参加者が発言できるようにするには、ミュートを解除する必要があります。「ミュート解除」をクリックしましょう。

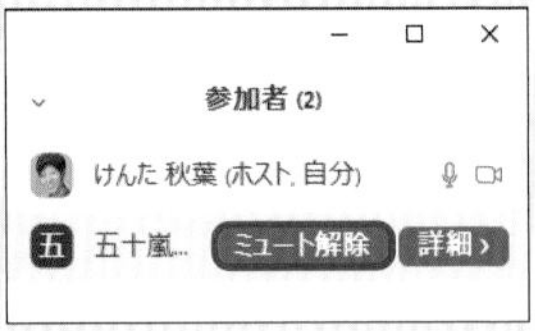

参加者全員をミュートする

1 手順①と同様の操作を行い、「すべてをミュート」をクリックします。

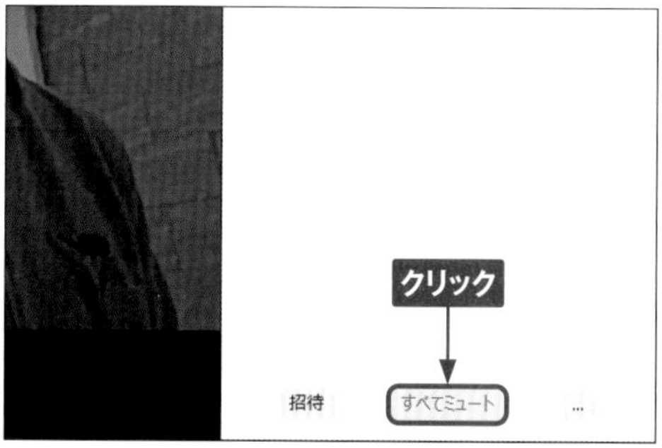

2 「すべてミュート」のダイアログが開くので、「はい」をクリックします。

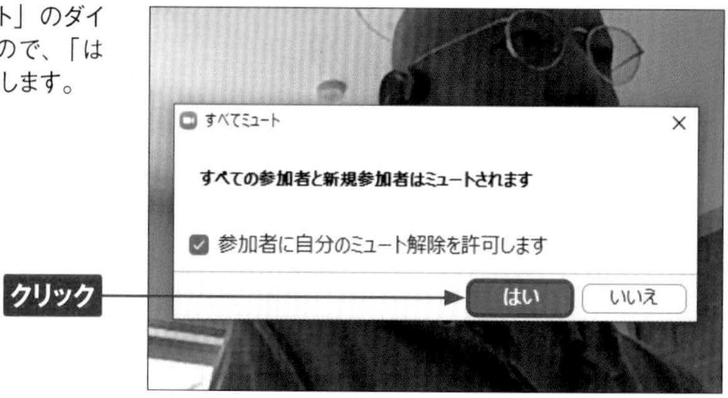

3 参加者の一覧でホスト以外の参加者全員がミュートされたことを確認できます。

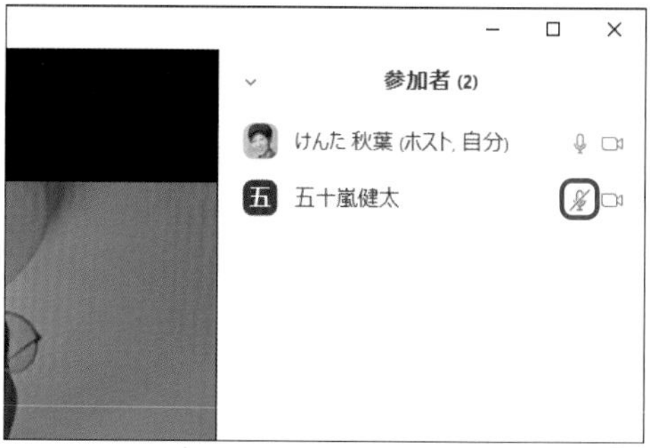

Memo 参加者が勝手に解除するのを防ぐ

手順②の画面で「参加者に自分のミュート解除を許可します」のチェックをはずすと、参加者自身が勝手にミュートを解除することができなくなります。

Section
46 参加者の1人を大きく表示する

3人以上のミーティング中に任意の参加者を大きく表示したい場合は「スポットライトビデオ」機能を使います。他の発言者に画面が切り替わらないようにして、特定の発言者に注目を集めたい時に使う機能です。

スポットライトビデオ機能を使う

① Zoomのミーティング画面で、大きく表示したい参加者にマウスカーソルを移動させます。

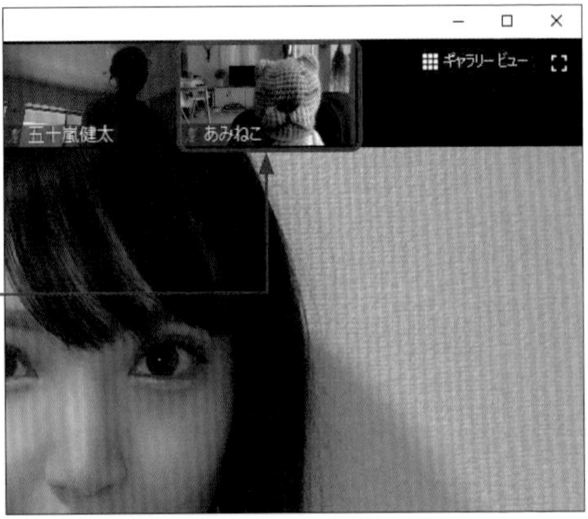

マウスカーソルを参加者まで移動する

② 参加者の画面右上にある「…」をクリックします。

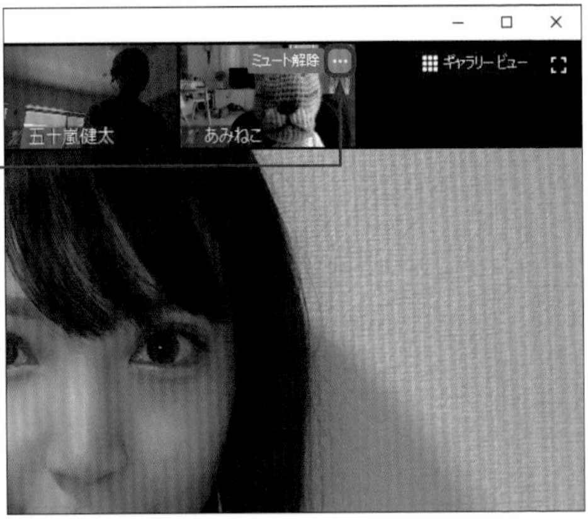

クリック

③ 表示されたメニューから「スポットライトビデオ」をクリックします。

④ 選ばれた参加者が大きく映し出されます。すべての参加者にも同様の画面が表示されます。

⑤ スポットライトビデオをオフにするには、手順①～②の手順と同様の操作を行い、「スポットライトビデオのキャンセル」をクリックします。

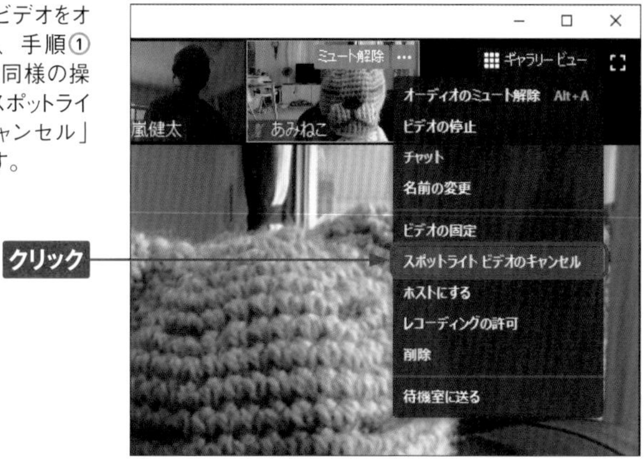

Section 47

ミーティングの様子をYouTubeにライブ配信しよう

ウェビナーなどを開催している場合、その様子をYouTubeにライブ配信することができます。リアルタイムに動画を共有することで、より多くの人にその様子を見せられます（この機能を使うには有料アカウントにする必要があります）。

Zoomのサイトで設定を変更する

① Zoomのサイトにサインインし、「設定」→「ミーティング」の順にクリックします。

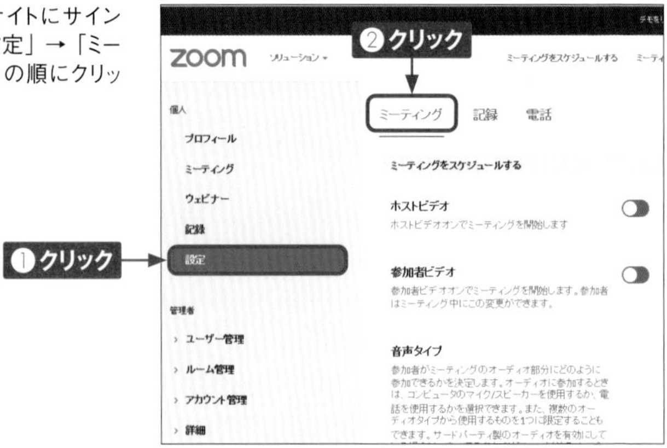

② 「ミーティングのライブストリーム配信を許可」の項目まで移動し、「オン」にします。

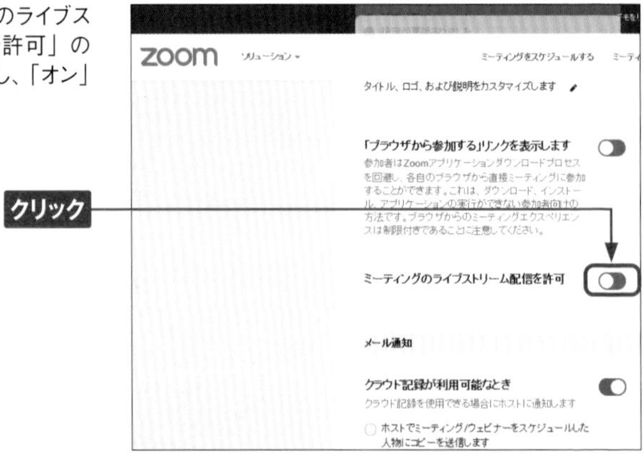

3 「YouTube」と「カスタムライブストリーム配信サービス」をオンにし、「保存」をクリックします。

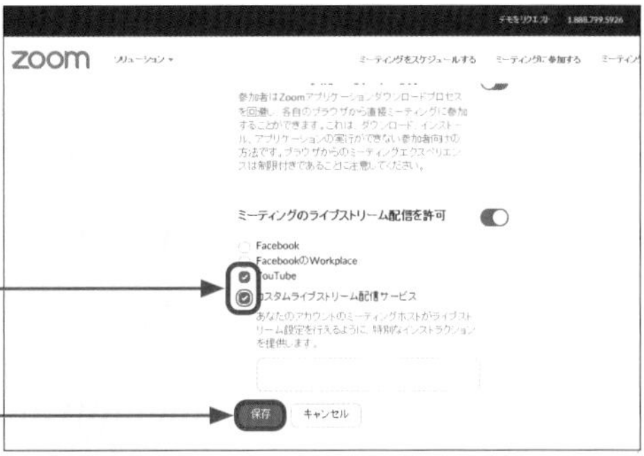

4 Zoomのクライアントアプリを起動し、「詳細」をクリックし、「YouTubeにてライブ中」をクリックします（「Memo」参照）。

5 ライブ中は、画面右上に「LIVE」と表示されます。ライブを終了するには、「▼」をクリックし、「ライブストリームを止める」をクリックします。

Memo **YouTubeの設定も忘れずに**

ライブ配信するにはあらかじめYouTube側でライブ配信の設定を済ませておく必要があります。設定後、24時間程度はライブ配信できないので注意しましょう。

Section 48

オンラインセミナーを開催しよう

有料アカウントを使っている場合、ウェビナーオプションを購入すれば最大1万人が参加できるオンラインセミナーを開催できるようになります。パネリストだけを画面に表示したり、視聴のみの参加を可能とする機能が使えるようになります。

ウェビナーのオプションを購入する

① Zoomのサイトにログインし、「ソリューション」→「ビデオウェビナー」の順にクリックします。

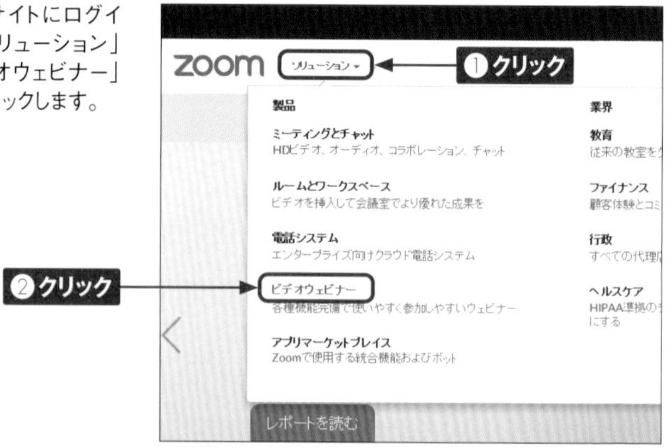

② Zoomビデオウェビナーのサイトが表示されます。ここでは、「今すぐ購入」をクリックします。

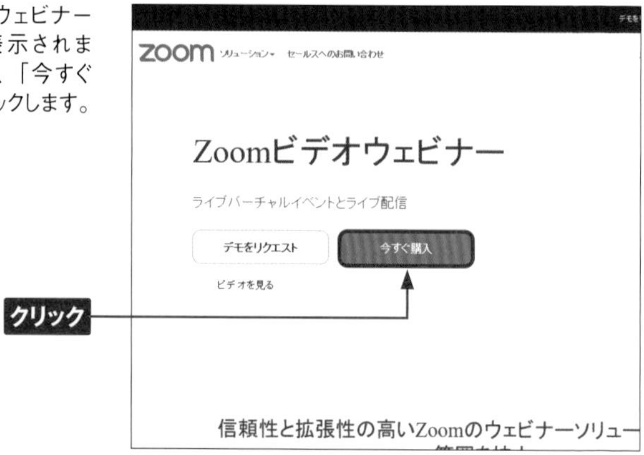

3 プランのページが表示されたら、利用可能なアドオンの項目内にある「ウェビナー」まで移動し、必要なアドオンを購入します。

4 今回は100名規模のウェビナーオプションを購入しました。内容を確認し、「確認」をクリックします。

ユーザーにウェビナーの権限を与える

1 Zoomのサイトにサインインし「ユーザー」をクリックし、ウェビナーを開催する権限を与えるユーザーを選択し「編集」をクリックします。

2 ユーザーの編集画面で「ウェビナー」のチェックを入れて「保存」をクリックします。

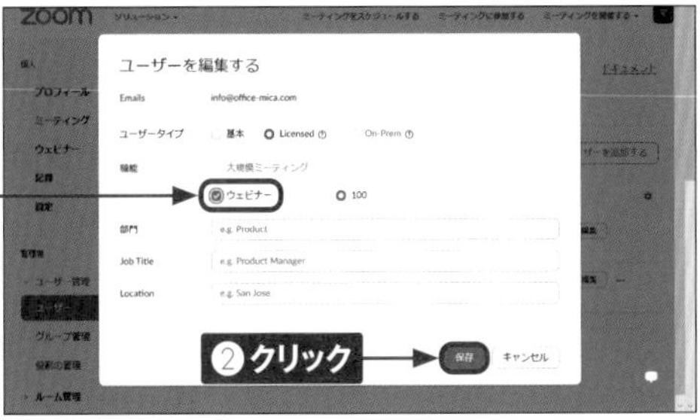

ウェビナーをスケジュールする

① Zoomのサイトでにサインインし「ウェビナー」→「ウェビナーをスケジュールする」をクリックします。

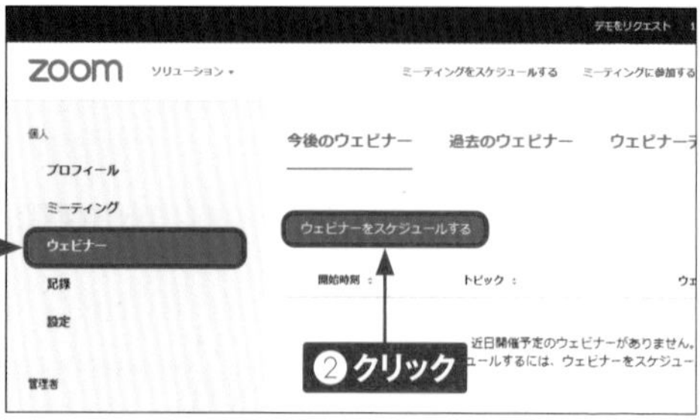

② ウェビナーの日時など、必要な項目を入力します。すべてが入力できたら「スケジュール」をクリックします。

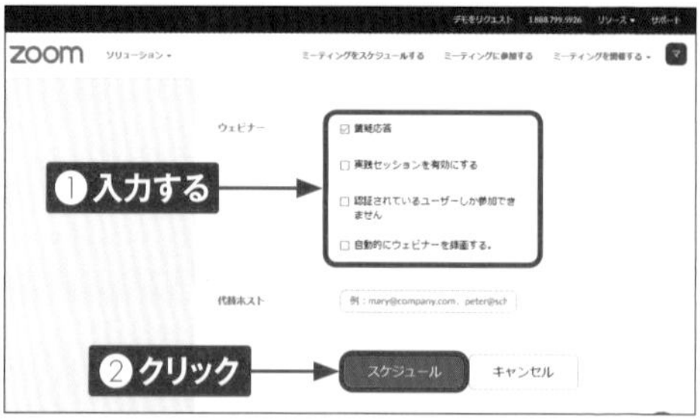

③ ウェビナーをスケジュールしたら、パネリストや参加者を招待します。パネリストの招待には「名前」のほか「メールアドレス」が必要になります。

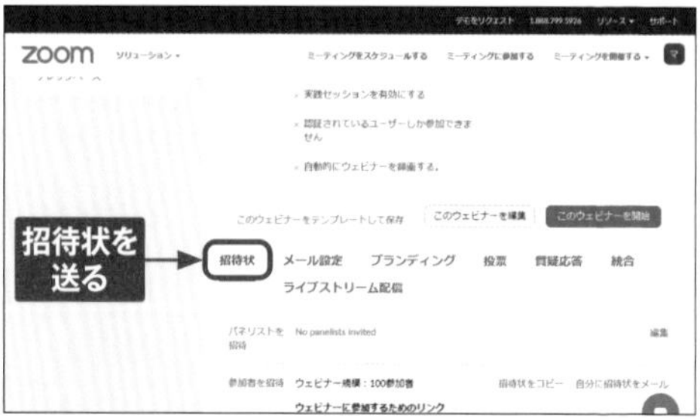

④「開始」をクリックするとウェビナーが開催されます。

第6章

外部ツールと連携してZoomを使おう

Section 49 ZoomとSlackを連携しよう（チャット）
Section 50 Googleドライブと連携しよう（ファイル共有）
Section 51 Dropboxと連携しよう（画面共有）
Section 52 Trelloと連携しよう（タスク共有）
Section 53 Strict Workflowを活用しよう（時間管理）
Section 54 Outlookと連携しよう（スケジュール共有）
Section 55 Calendlyと連携しよう（スケジュール予約）
Section 56 ヘッドセットを使おう
Section 57 ZoomミーティングでWebカメラを使おう
Section 58 ZoomミーティングでUSBマイクを使おう

Section 49

ZoomとSlackを連携しよう（チャット）

ZoomとSlackを連携すれば、SlackからZoomミーティングを招集することができます。参加者もSlackの通知で会議の開催を知ることができるうえ、ワンクリックでミーティングに参加することができて便利です。

SlackとZoomを連携する

① SlackのAppディレクトリにある「スタッフのおすすめ」からZoomを検索します。

② 「Add to Slack」ボタンをクリックします。

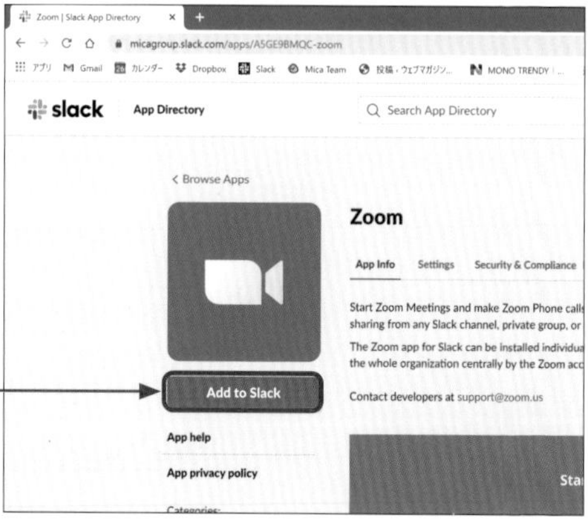

③ 管理者権限がある方は左、ユーザーの方は自分自身のアカウントに連携するので右側のボタンをクリックします。

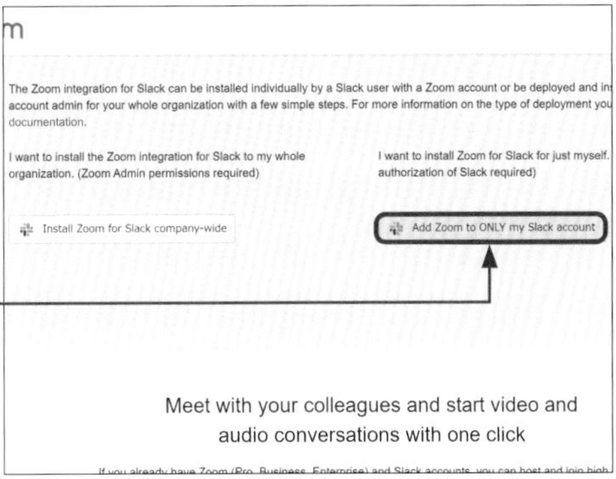

④ 次の画面で、画面下にある「Allow」ボタンをクリックします。

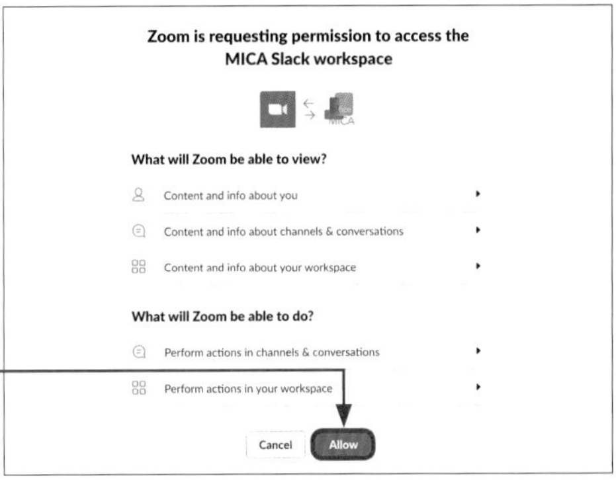

Memo Slackで「/zoom」と発言するだけ

SlackとZoomが連携された状態でSlackのチャンネル内メッセージフィールドに「/zoom」と入力すると、フィールドにはミーティングIDやパスワードが記載され、その下に「参加する」ボタンが表示されます。チャンネルに所属するメンバーが「参加する」ボタンをクリックすると、Zoomミーティングに参加できるようになります。

Section 50

Googleドライブと連携しよう（ファイル共有）

Zoomにはファイルを共有する機能があります。ビデオ会議が終わった後、その会議の議事録を参加者に配りたいときは、Googleドライブに保存した議事録を参加者がダウンロードできるようにしましょう。

Googleドライブのファイルを共有する

1. Zoomのミーティング画面でチャットをクリックし、表示された右画面下の「ファイル」をクリックして、「Google Drive」を選択します。

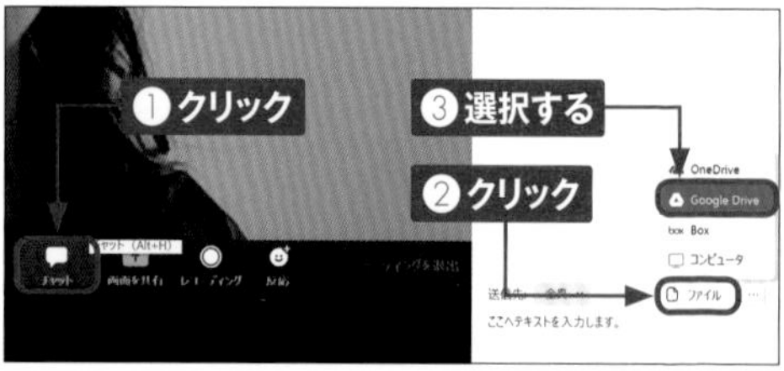

2. Webブラウザーが起動し「Connect to Google Drive」の画面になるので「Connect」をクリックして、Googleのアカウントからサインインします。

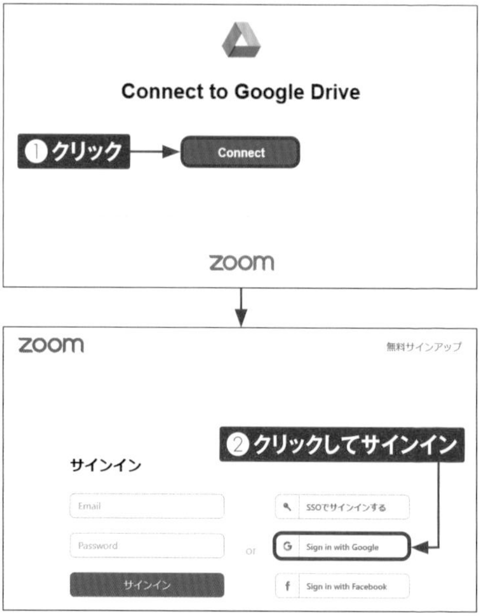

3 Googleドライブのファイル名が表示されるので、共有したいファイルを選択します。

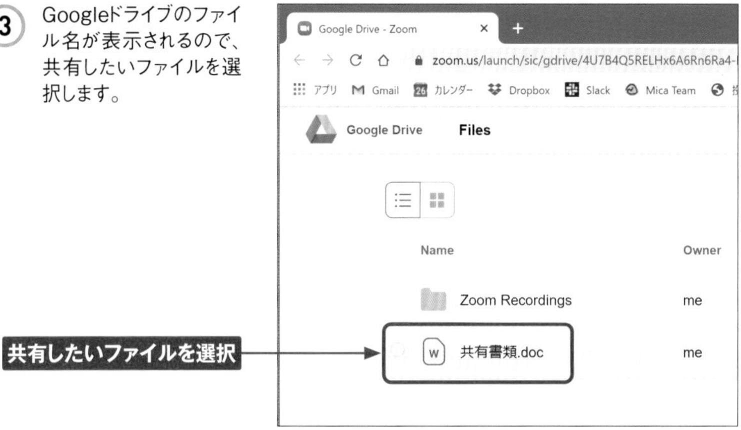

4 チャット画面に、共有したいファイルが表示されます。参加者がアイコンをクリックするとURLがコピーされるので、それをWebブラウザーに貼り付けてファイルをダウンロードします。

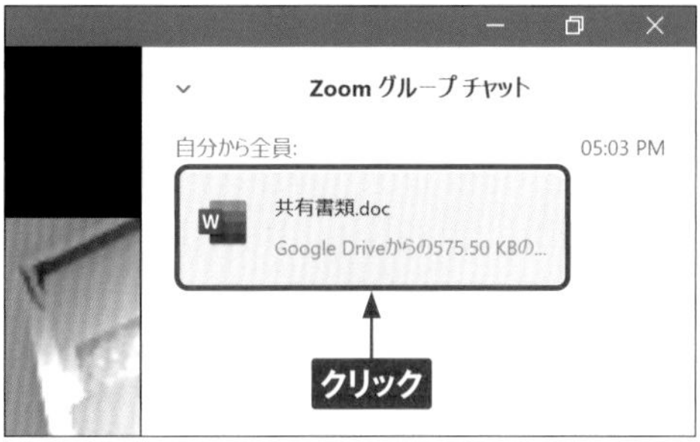

Memo 初回時に連携するGoogleアカウントを設定する

Zoomと連携するGoogleアカウントは初回に設定されます。連携したいGoogleアカウントを選択し、「許可」することで、アカウントが連携します。

Section 51

Dropboxと連携しよう（画面共有）

Zoomには画面を共有する機能があります。Dropboxとリンクすることで会議中に資料の説明をしたい時など、画面共有機能を使い、参加者に資料を見せながら説明することができます。

Dropboxで連携の設定をする

1 WebブラウザーでDropboxにアクセスし、プロフィールアイコンをクリックしたあと、「設定」をクリックします。

2 個人アカウント画面が表示されたら「リンク済みアプリ」をクリックし、「Zoomにリンク」をクリックします。

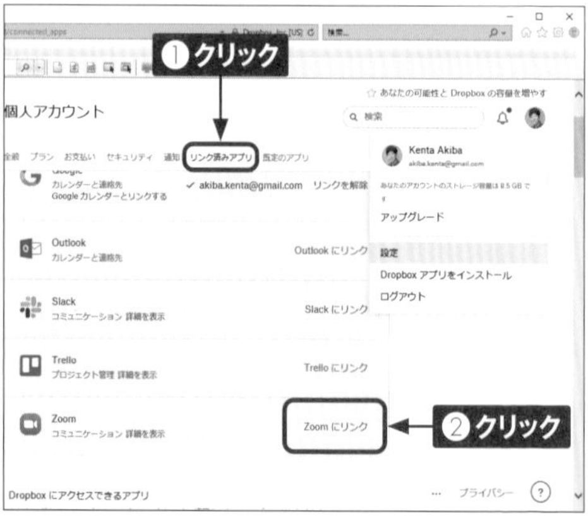

Dropboxの資料を画面共有する

① Dropboxにログインした後にファイルを選択し、「共有」をクリックして「Zoom」を選択します。

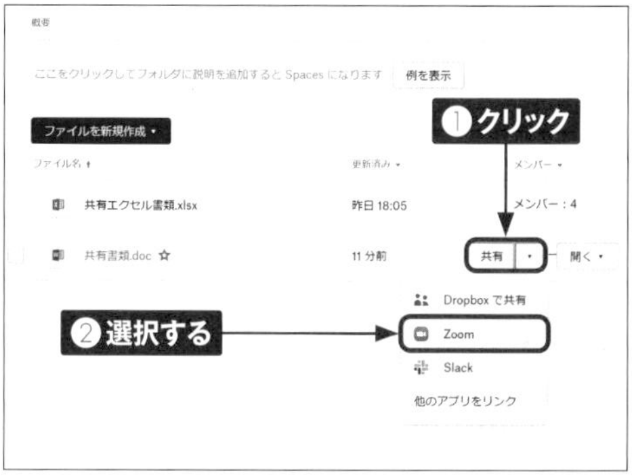

ここをクリックしてフォルダに説明を追加すると Spaces になります
例を表示
ファイルを新規作成
①クリック
ファイル名
更新済み
メンバー
共有エクセル書類.xlsx
昨日 18:05
メンバー：4
共有書類.doc
11 分前
共有
開く
Dropbox で共有
②選択する
Zoom
Slack
他のアプリをリンク

② ZoomのミーティングIDを入力して、「プレゼン」ボタンをクリックします。

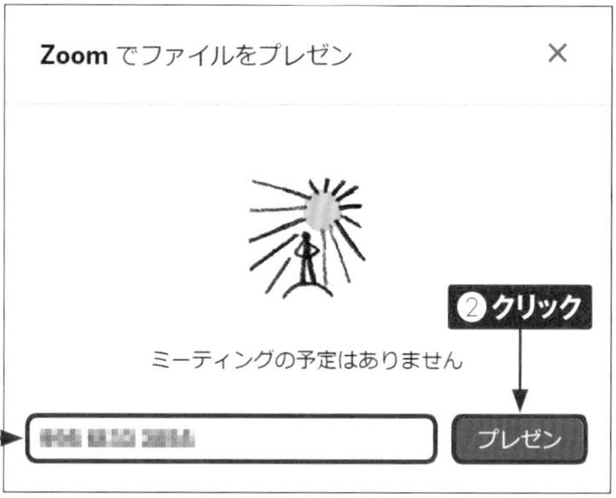

Zoom でファイルをプレゼン
②クリック
ミーティングの予定はありません
①ミーティングIDを入力する
プレゼン

③ 共有したファイルの内容が参加者に画面共有されました。自分と参加者の映像画面は小さく表示されます。

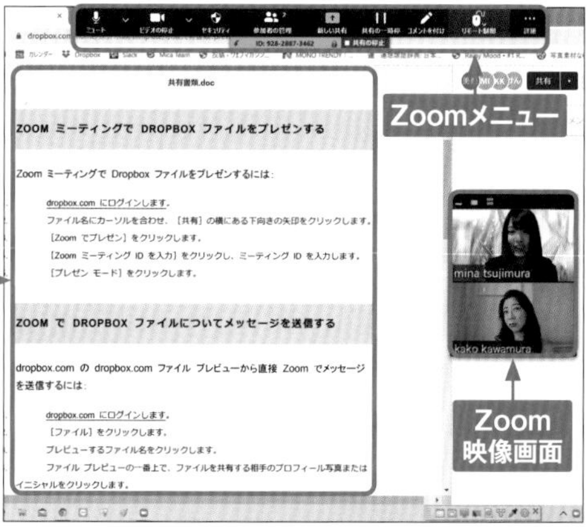

共有書類.doc
ZOOM ミーティングで DROPBOX ファイルをプレゼンする
Zoom ミーティングで Dropbox ファイルをプレゼンするには：
dropbox.com にログインします。
ファイル名にカーソルを合わせ、［共有］の横にある下向きの矢印をクリックします。
［Zoom でプレゼン］をクリックします。
［Zoom ミーティング ID を入力］をクリックし、ミーティング ID を入力します。
［プレゼン モード］をクリックします。
ZOOM で DROPBOX ファイルについてメッセージを送信する
dropbox.com の dropbox.com ファイル プレビューから直接 Zoom でメッセージを送信するには：
dropbox.com にログインします。
［ファイル］をクリックします。
プレビューするファイル名をクリックします。
ファイル プレビューの一番上で、ファイルを共有する相手のプロフィール写真またはイニシャルをクリックします。
共有しているファイルの内容が表示される
Zoomメニュー
mina tsujimura
kako kawamura
Zoom映像画面

Section 52

Trelloと連携しよう（タスク共有）

付箋を貼る感覚でタスク管理できるサービス「Trello」とZoomを連携すると、Zoomミーティングで話しながらTrelloにタスクを追加したり、タスクにコメントを追加できるようになります。

Zoom App MarketplaceでTrelloと連携

1 Webブラウザーで、Zoom App Marketplace（https://marketplace.zoom.us/）にアクセスし、「Trello」を検索します。

2 「Sign in to install」をクリックし、手順に従って操作します。

Memo Trelloとの連携を設定をする

Zoomのクライアントアプリから「チャット」→「Trello」の順にクリックし、チャットウィンドウで「connect」と入力して、メニューに沿って操作するとTrelloとの連携の設定が終了します。

ZoomアプリからTrelloのタスクを追加する

1 Zoomのクライアントアプリの「チャット」をクリックし、「Trello」をクリックします。

2 メッセージ欄に「add [カード名]」と入力すると、Trelloに新しいカードが追加されます。

Memo ボードのLinkを作成する

TrelloのボードとZoomとのリンクを作成するには、「link」コマンドを使います。「link [ボードのURL]」と入力すると、リンクの設定が完了します。Zoomと連携したいボードは必ずリンクの設定をしておきましょう。

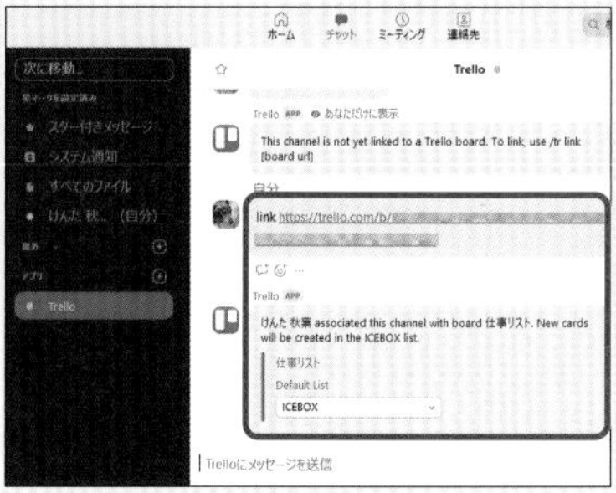

Section 53

Strict Workflowを活用しよう（時間管理）

「ポモドーロテクニック」は限られた時間を有効に使うための時間管理方法。25分を1作業時間とし、5分の休憩をはさんで作業効率を上げます。この方法を実現するためのChrome拡張機能を利用して、効率的なZoomミーティングを運営しましょう。

「Strict Workflow」で時間を通知

1 Google Chromeの拡張機能「Strict Workflow」をインストールします。

2 ブラウザーのトマトアイコンをクリックし、オプションを選択して、必要な設定を行い保存します。

3 リンゴのアイコンをクリックすると、タイマーがスタート。25分が経過するとアラーム音と終了画面で通知します。

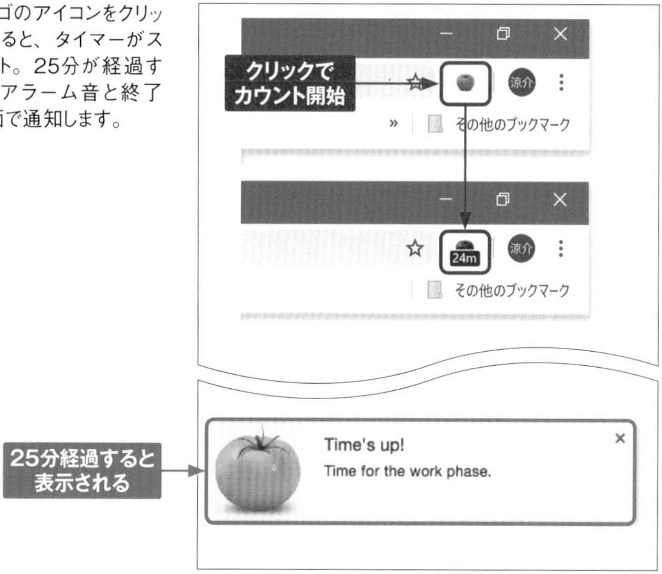

4 Zoom画面にも経過時間を表示しましょう。「設定」→「一般」→「経過時間を表示」にチェックを入れます。

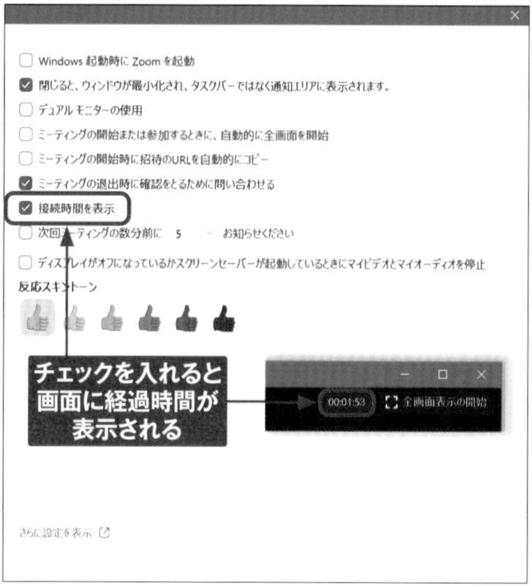

Section 54

Outlookと連携しよう（スケジュール共有）

Zoom用のOutlookプラグインを利用すると、OutlookスケジュールからZoomの会議作成や依頼メールが作成できます。Zoomとの連携が格段に便利になるので、Outlookをメインとして使っている人にとってお勧めのプラグインです。

プラグインをインストール

1 「https://zoom.us/download」からOutlook用のZoomプラグインをインストールします。

2 プラグインをインストールすると、OutlookのリボンにZoom用のボタンが表示されます。

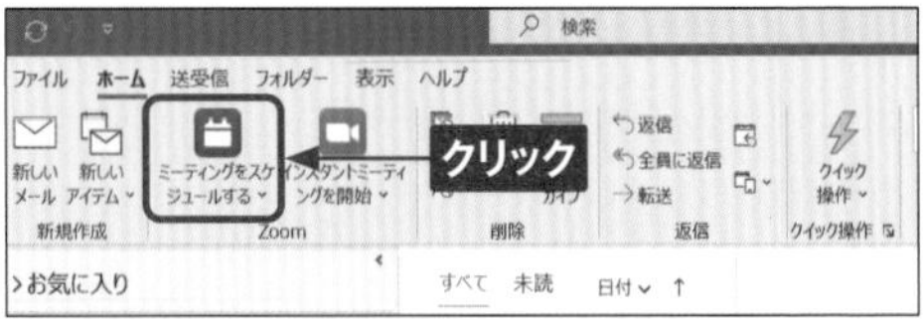

3 「ミーティングをスケジュールする」ボタンをクリックすると、Zoomミーティングに必要なID、パスワードなどが表示されるので、「続ける」をクリックします。

4 会議へのリンクや、IDとパスワードが入ったメールが自動作成されるので、宛先を選んで送信します。

Memo すぐにミーティングを開始するには

Outlookのリボンに表示されている「インスタントミーティングを開始」をクリックすると、すぐにZoomでミーティングを開始できます。スケジュール予約せずにミーティングを行いたい時にはこのボタンを使いましょう。

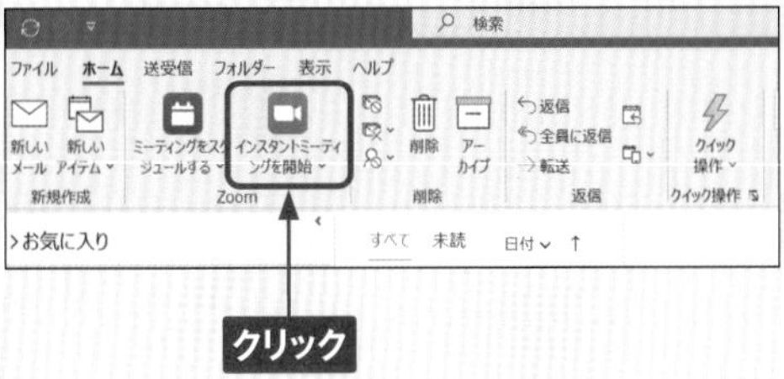

Section 55

Calendlyと連携しよう（スケジュール予約）

予定調整サービス「Calendly」とZoomを連携させると、Zoomミーティングに参加する人との日程調整がスムーズにできるようになります。ここでは、Calendlyとの連携設定と使い方について説明します。

CalendlyとZoomとを連携する

1 Calendlyのサイト（https://calendly.com）にサインアップし、「Account」→「Apps」→「View all integrations」の順にクリックします。

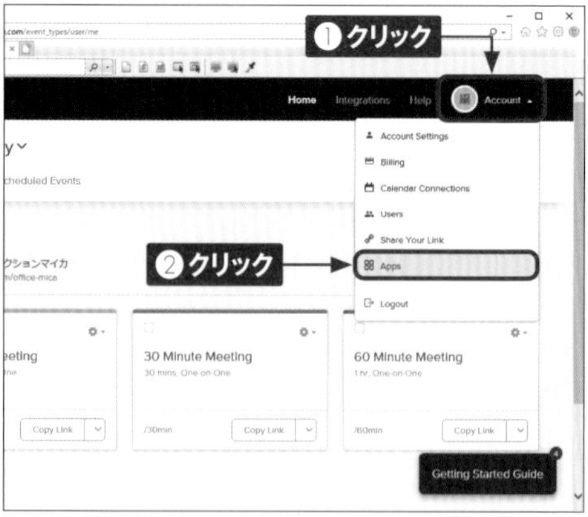

2 Zoomを探し、アイコンをクリックします。その後、手順に沿ってZoomとの連携設定を行います。

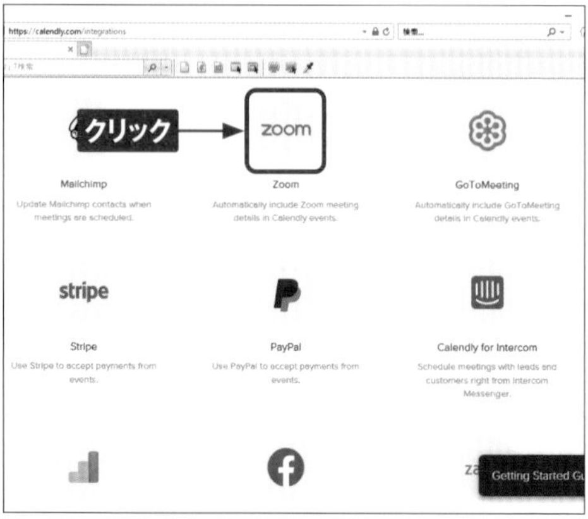

CalendlyでZoomを予約する

1 イベントタイプごとにURLが割り当てられているので、必要なURLを参加者に連絡し、Calendlyへのアクセスを依頼します。参加者はZoomを開催したい日時を決め、表示されているカレンダーでその日付けをクリックします。

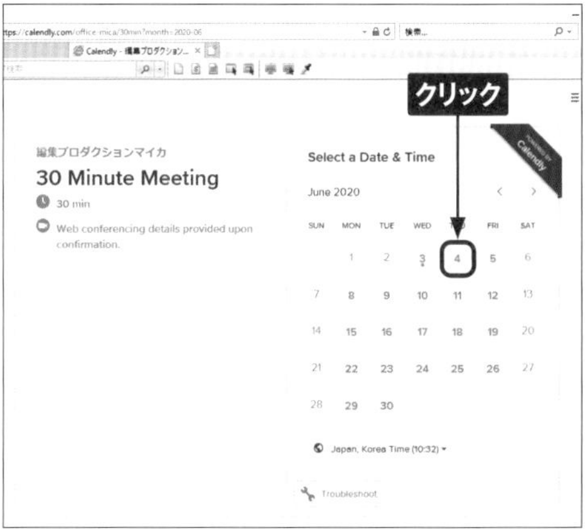

2 次に時間を指定して「Confirm」をクリックしたあと、手順に沿って作業を進めると、指定の時間にZoomミーティングが予約されます。

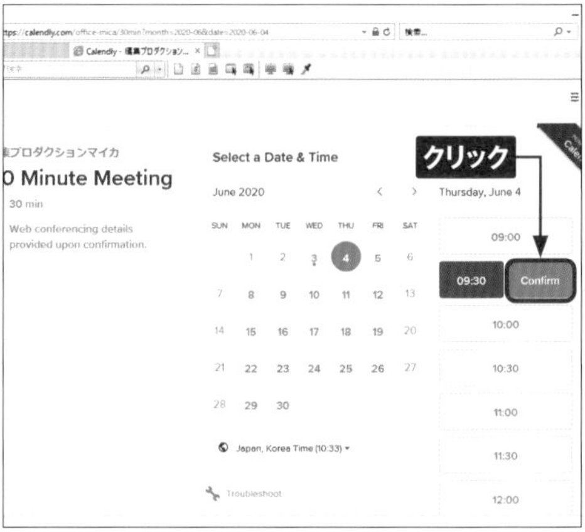

Memo 予約内容はメールで届く

予約されたスケジュールはURLやミーティングIDなどが記載されているメールで通知されます。カレンダーアプリなどに内容を転記しておきましょう。

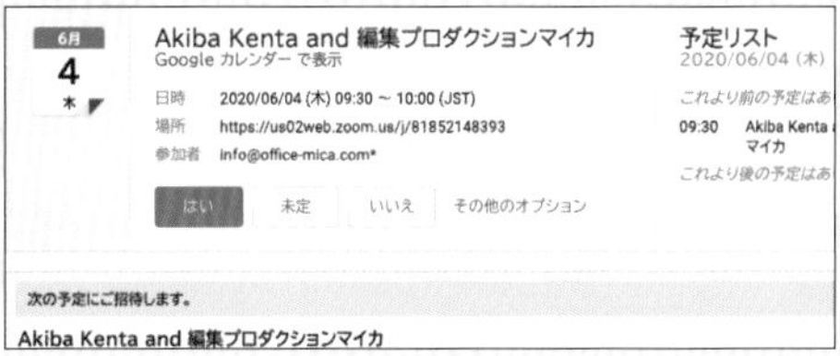

Section 56

ヘッドセットを使おう

マイクとスピーカーが内蔵されたパソコンは、そのままでもZoomが利用できます。しかしヘッドセットを使うと、相手の声が格段に聴きやすくなり、こちらの声も明瞭に伝えられます。

ヘッドセットを登録する

① Windows 10の場合、「スタート」から「設定」→「システム」→「サウンド」を開き、「出力」から使用するヘッドセットを選択します。

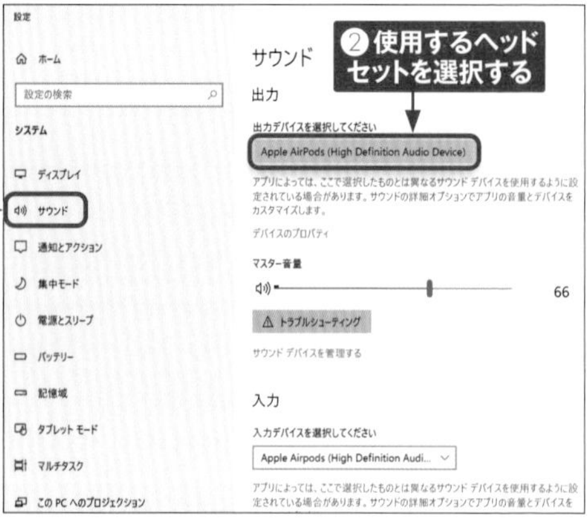

② 「出力」の下にある「入力」でも使用するヘッドセットを選択します。ここはマイクの設定です。

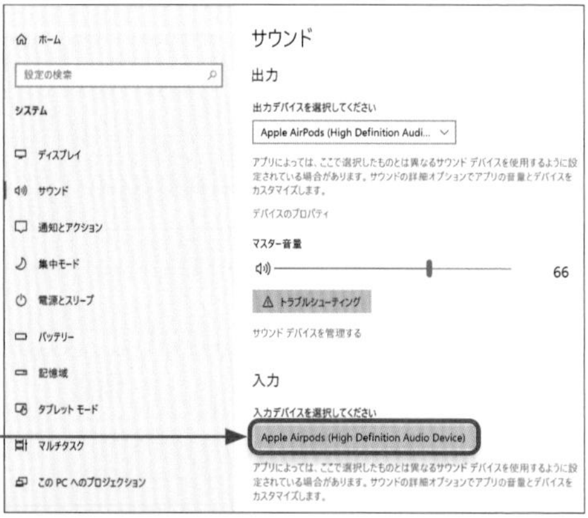

3 Windowsの設定が済んだら、次にZoomの「設定」を開いて「オーディオ」のスピーカーとマイクの設定をチェックします。

4 スピーカーとマイクが、それぞれWindowsで設定したヘッドセット名になっていることを確認します。

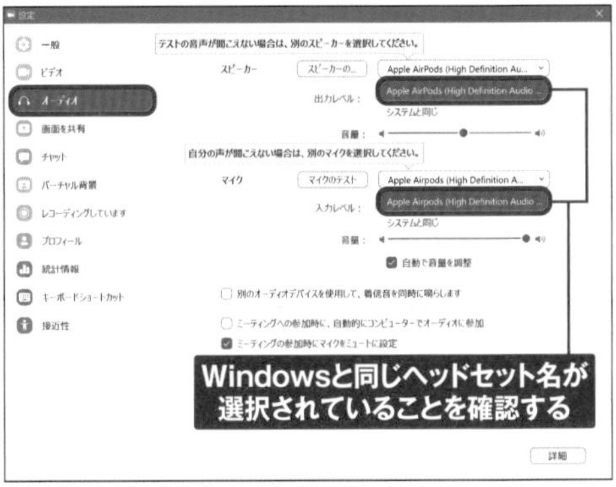

Memo ノイズキャンセリング機能を活用

テレワークをするにあたり、静かな環境を用意できないこともあります。場所によっては相手の声が聞き取りづらく、会話の内容が周囲へ漏れる心配があります。アクティブノイズキャンセル機能を搭載したヘッドセットを使うと、音漏れの心配がなく、周りの騒音を消してくれるので会議に集中できます。

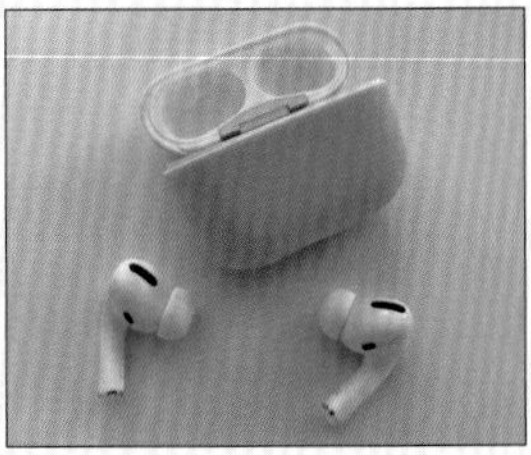

Section 57

Zoomミーティングで Webカメラを使おう

ノートパソコンにはカメラが内蔵されていますが、デスクトップパソコンでZoomを使う場合、Webカメラ（外付けカメラ）が必要になります。ここではWebカメラをZoomで使う方法を紹介します。

Webカメラをパソコンとつなぐ

1 Webカメラとパソコンを接続します。必要に応じてドライバーなどのソフトウェアのインストールも行います。

2 Zoomのクライアントアプリを起動し、「歯車アイコン」をクリックします。

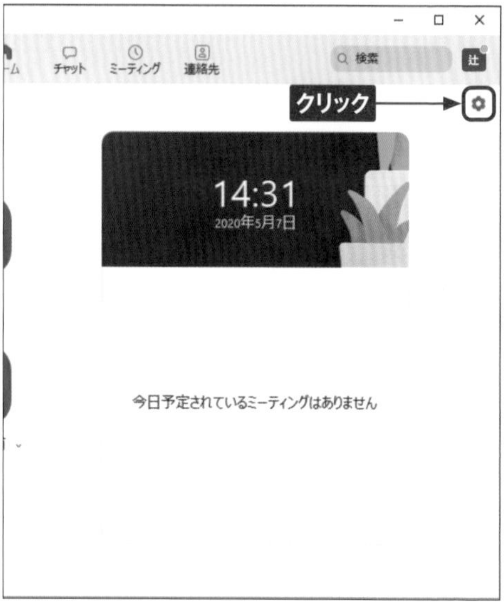

3 「ビデオ」をクリックし、カメラで「USBカメラ」を選択します。
※カメラの名前が製品名になっている場合もあります。

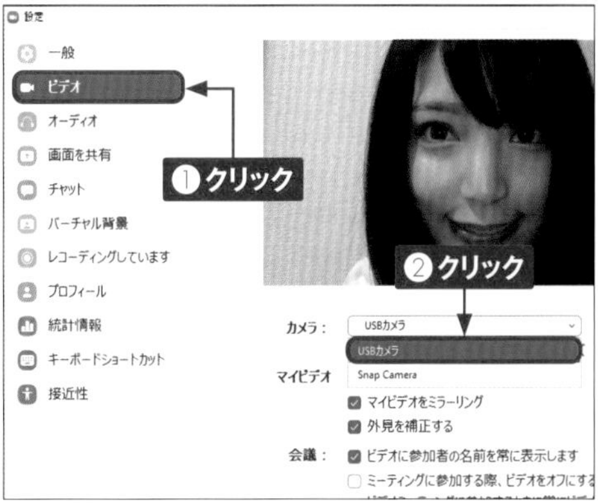

Zoomアプリでカメラを切り替える

1 複数台のWebカメラが接続されている場合、Zoomアプリでカメラを切り替えることができます。ミーティング画面で「ビデオ」アイコンの横にある^をクリックします。

2 切り替えたいカメラをクリックします。

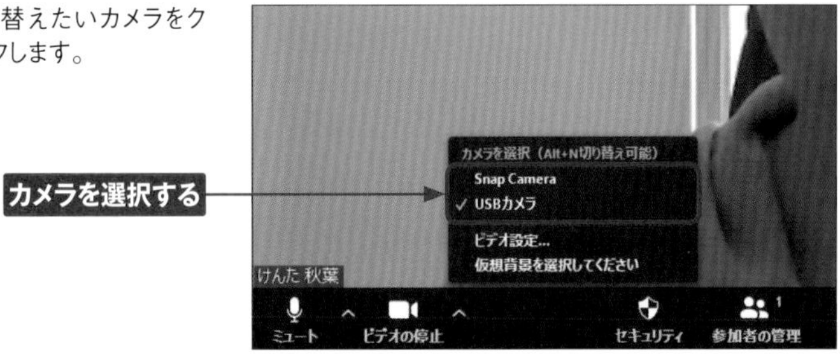

Memo ショートカットキーで切り替え

カメラの切り替えは[Alt]+[N]キーを押すことで切り替えることもできます。キーボードで切り替えたい場合、この方法が便利です。

Section 58

Zoomミーティングで USBマイクを使おう

USBマイクを使えば、Zoomの音声がよりクリアになります。ここではUSBマイクにもなるボイスレコーダー「DR-05X（ティアック）」を例に、マイクの使い方を紹介します。

USBマイクをパソコンにつなぐ

1 USBマイクをパソコンと接続します。DR-05Xの場合、マニュアルに従ってオーディオインターフェースモードにします。

2 Sec.57と同様にアプリの設定画面を開き「オーディオ」をクリックします。マイクの設定で、USBマイクを選択します。ここでは『マイク（TASCAM DR Series）』を選択しています。

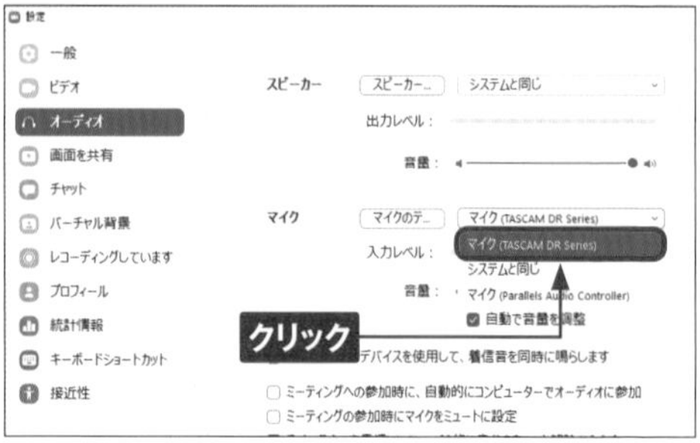

Memo マイクを切り替える

Sec.57と同様の操作で、Zoomのクライアントアプリからマイクを切り替えることもできます。複数のマイクが接続されている場合、アプリでマイクを切り替えて、最も感度がいいマイクを選びましょう。

第7章

Zoomで困ったときのQ&A

Section 59 接続がうまくいかない!
Section 60 クライアントアプリをアップデートしたい!
Section 61 セキュリティソフトが邪魔をしてZoomが使えない!
Section 62 映像が表示されない!
Section 63 参加者が突然真っ黒に!
Section 64 スッピンの顔を見られたくない!
Section 65 バーチャル背景に人物が溶け込んでしまう!
Section 66 英語表示のメニューを日本語表示にしたい!
Section 67 音が出ない!
Section 68 毎回、同じURLでミーティングを開きたい!
Section 69 特定の相手とだけ話がしたい!
Section 70 ウェビナーの講師に匿名で質問をしたい!
Section 71 セキュリティを高めたい!

Section
59 接続がうまくいかない!

Zoomは、比較的安定して接続できるビデオ会議システムですが、Wi-Fiが不安定な場合や低速な場合、画面が止まってしまったり、音声が割れて聞き取りにくくなることがあります。そんなときには、次のことを試してみましょう。

接続方法やアクセス先を変更

① アクセスポイントの近くに移動して状況が改善するかどうかを試します。

② パソコンとネットワークを有線接続してみます。ルーターおよび端末に有線LANのポートが必要です。

③ ほかのWi-Fiスポットに接続します。5GHz帯のSSIDに接続すると改善することもあります。

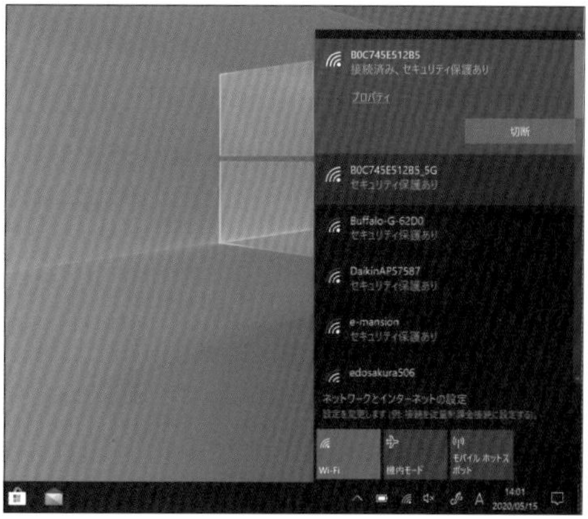

④ 電波が届く範囲が広いWi-Fiルーターに変更します。メッシュ対応のルーターやWi-Fi中継器なども効果的です。写真はWTR-M2133HS/E2S（バッファロー）。

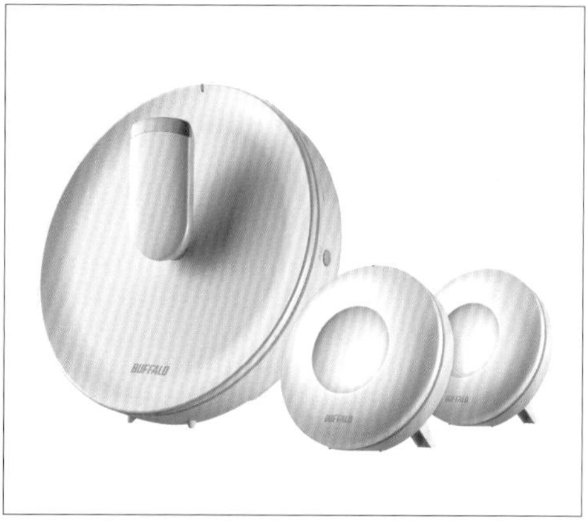

Memo 映像をオフにする

Wi-Fiの帯域が不足している場合、ネットワークに流れるデータ量を削減するのが有効です。映像なしの音声会議にしたり、映像の画質を落としたりすることで改善する場合もあります。まずは、「ビデオの停止」をクリックし、映像をオフにしてみましょう。

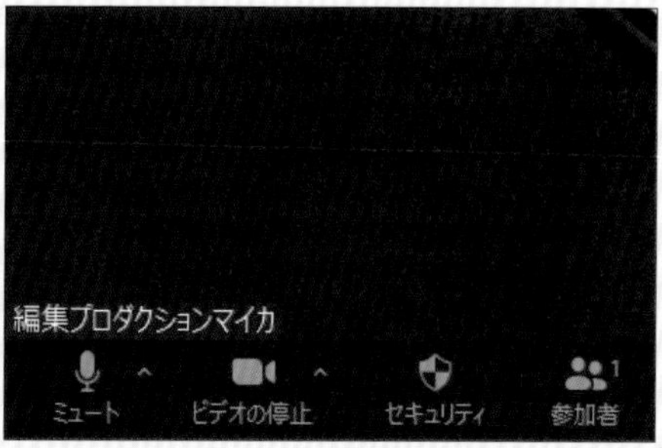

Section 60

クライアントアプリをアップデートしたい!

Zoomのクライアントアプリは、機能追加やセキュリティの強化などが頻繁に行われます。安全にZoomを使い続けるため、アップデートしましょう。ここではクライアントアプリ（PC版）のアップデートの確認方法や、アップデートの方法を紹介します。

PC版クライアントアプリのアップデートを確認する

1 タスクバーの中にある「Zoom」アイコンを右クリックし、「アップデートを確認」をクリックします。

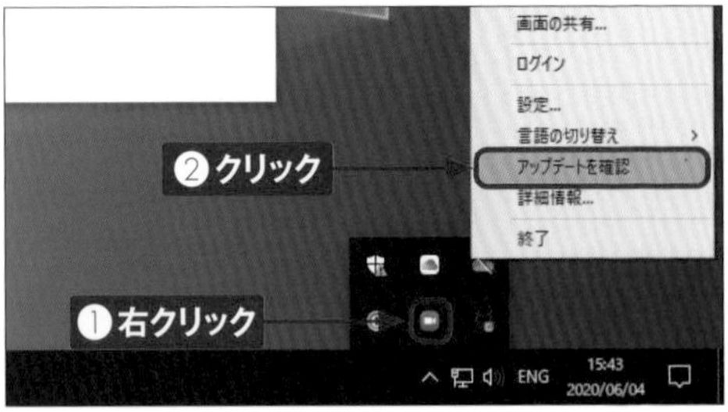

2 Zoomのサーバにアクセスし、アップデートがあるかどうかを確認します。この画面が出たら、しばらく待ちます。

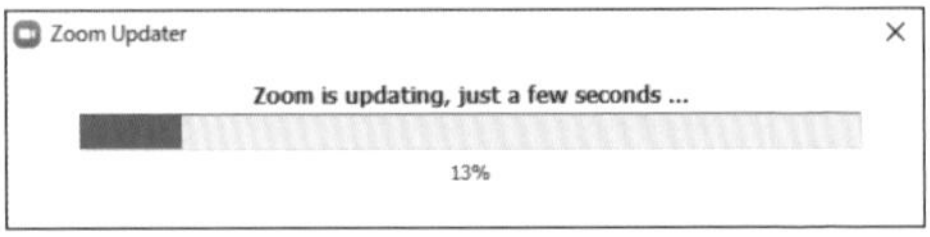

3 アップデートがある場合、このようなダイアログが表示されます。内容を確認したら「更新」をクリックします。

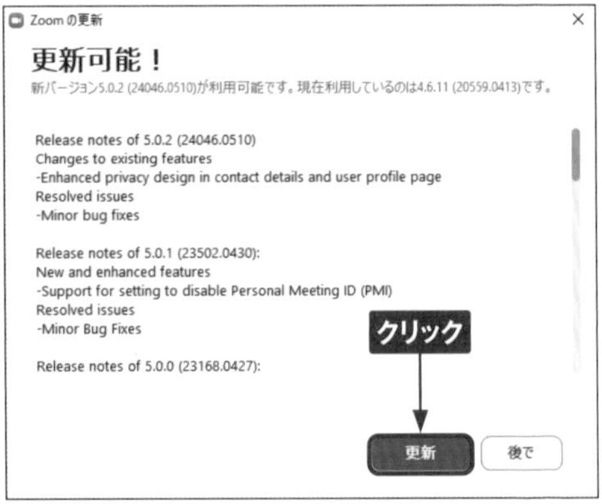

4 更新が終わるとZoomが起動します。

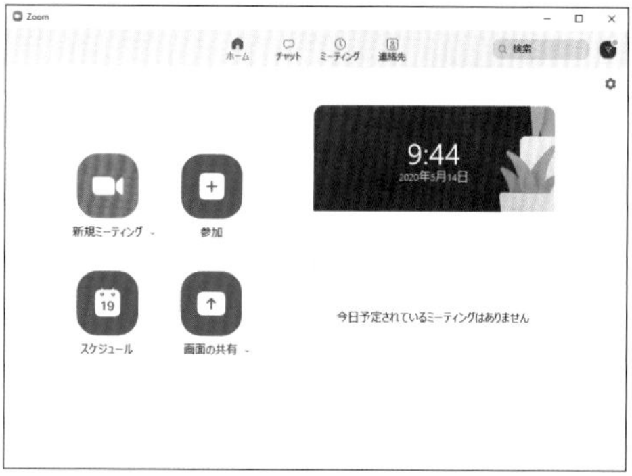

5 Zoomのバージョンは手順①の「詳細情報」から確認できます。

Memo クライアントアプリからも更新可能

Zoomのクライアントアプリを起動し、名前のアイコンをクリックすると、メニューが表示されます。この画面で「アップデートを確認」をクリックして、アプリをアップデートすることもできます。

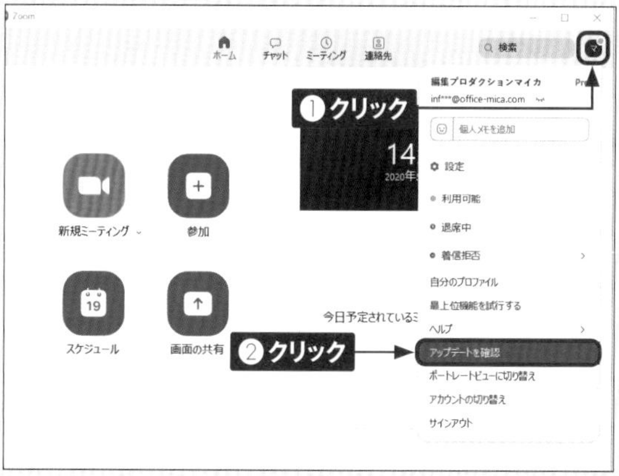

Section 61 セキュリティソフトが邪魔をしてZoomが使えない!

セキュリティソフトをインストールしているパソコンでは、Zoomが使えないことがあります。このような場合、ファイアウォールの設定を変更する必要があります。ここでは、McAfee（マカフィー）を例に、Zoomを使う際の設定を紹介します。

セキュアな環境下でZoomを使う

1. マカフィーのアプリを開き、「設定アイコン」をクリックします。

2. 「ファイアウォール」をクリックします。

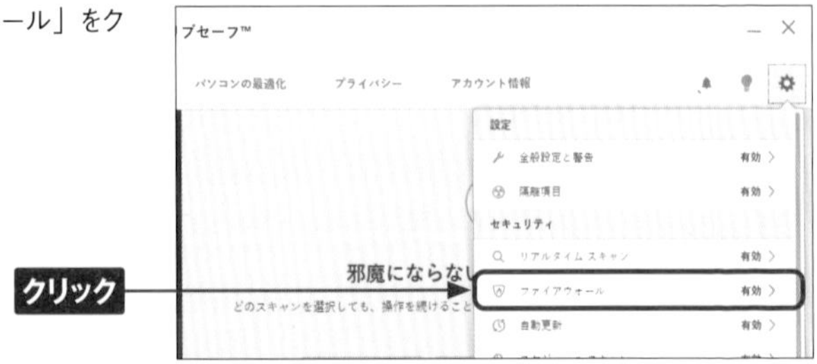

3. 「プログラムのインターネット接続」をクリックします。

4 「追加」をクリックします。

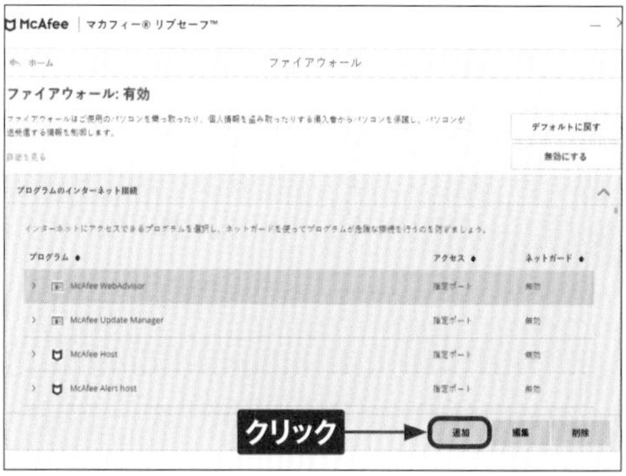

5 「参照」をクリックし、Zoomアプリを追加し、「保存」をクリックします。Zoomアプリは、「ユーザー名¥AppData¥Roaming ¥Zoom¥Bin¥Zoom.exe」にあります。

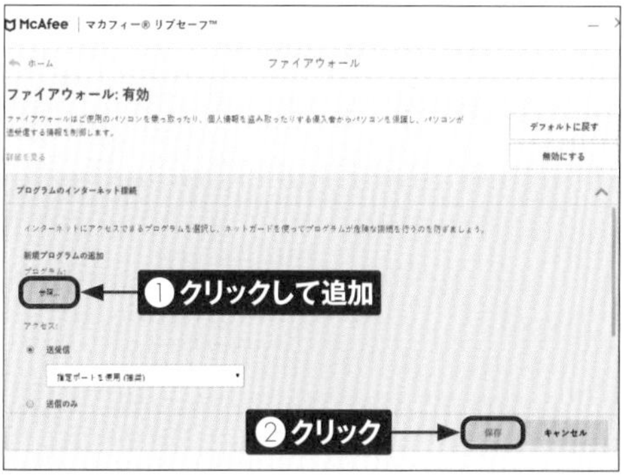

Memo ネットワーク機器の設定変更を行う

ネットワーク機器の設定を変更する場合、Zoomのヘルプセンター（https://support.zoom.us/hc/ja）の情報が参考になります。人気トピックにある「アカウント&管理」→「ネットワークとファイアウォール」の順にクリックし、自分の環境に合った設定にしましょう。

Section 62 映像が表示されない!

Zoomで自分の映像が表示されない場合、その理由はいろいろ考えられますが、設定を見直すことで表示される場合があります。ここでは、映像が表示されないときに見直す設定について説明します。

「ビデオ」がミュートされている

① Zoomのクライアントアプリを開き、新規ミーティングを開始しメニューを表示させます。この時、左下のビデオアイコンに斜めの線が入っていると、ビデオが表示されません。「ビデオの開始」をクリックすると、映像が表示されるようになります。

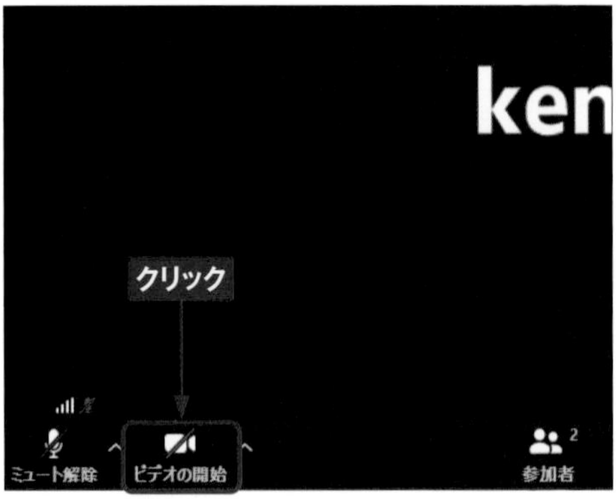

ほかのアプリを終了する

① ビデオが開始されているのに、映像が出ない場合、起動しているほかのアプリを閉じましょう。ほかのアプリでカメラを使っていると、Zoomで映像が表示されません。

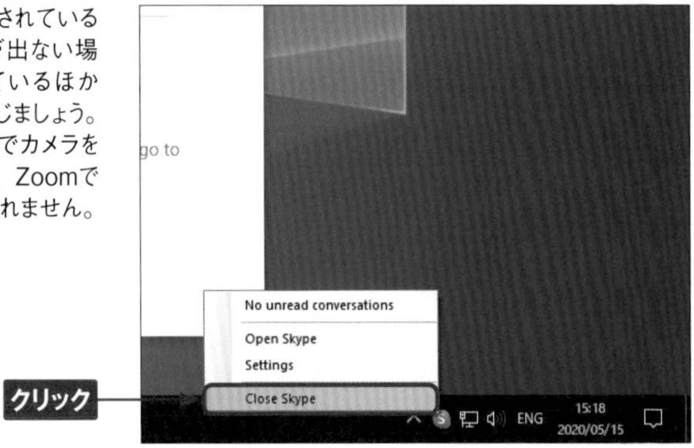

Zoomの設定を見直す

① それでも表示されないときは、ビデオの停止の横にある^をクリックし、「ビデオの設定…」をクリックします。

② USBカメラの設定を変更します。映像が表示されたら、設定画面を閉じます。

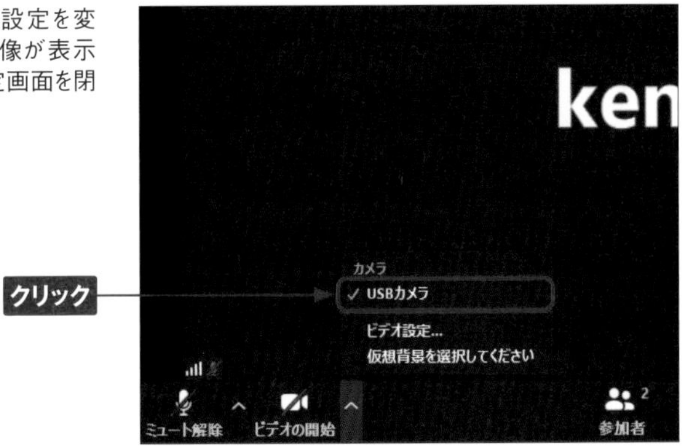

Memo それでも表示されないときは

説明した3つの方法を試しても映像が表示されなかったら、次のことを試してみてください。まずパソコンを再起動し、Zoomクライアントを開いて映像が表示されるかどうか確認します。表示されない場合は、使用しているWebカメラのドライバーを再インストールします。ドライバーの再インストール方法については、Webカメラのメーカーサイトで確認してください。

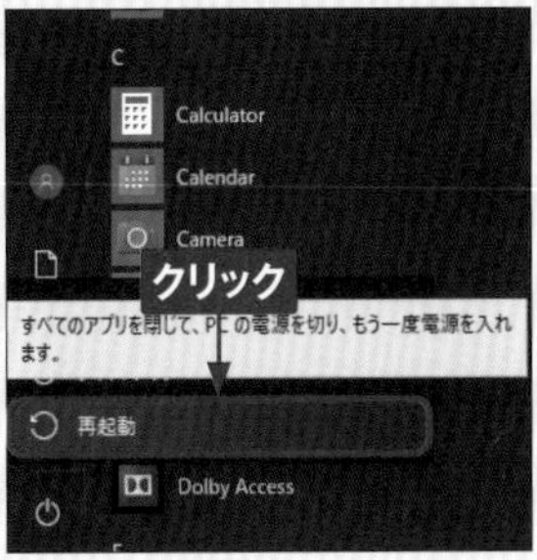

Section 63

参加者が突然真っ黒に！

Zoomを使っていると、参加者の映像や音声が乱れてミーティングができなくなることがあります。そういうときにはいくつかの項目をチェックし、ミーティングを継続できるようにしましょう。

CPUやネットワークの負荷をチェック

1 CPUに高い負荷がかかるとアプリケーションが応答しなくなる場合があります。タスクマネージャーなどでCPUの状態をチェックし、負荷が高いアプリケーションを終了しましょう。パソコン自体を再起動して、Zoomに接続しなおすと直る場合もあります。

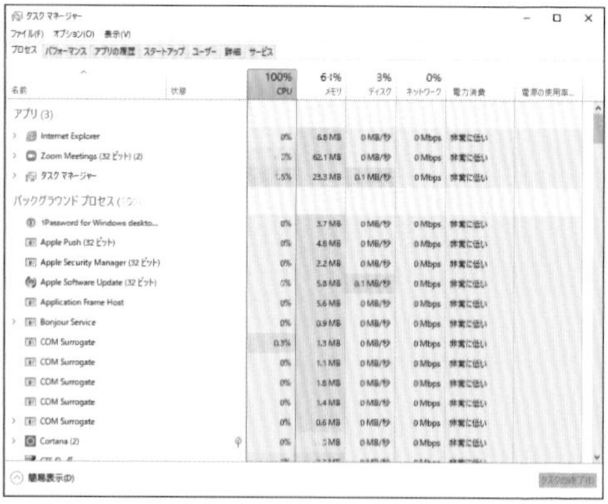

2 ネットワークの状態によっても、ミーティングが行えない場合があります。スマホやモバイルWi-Fiなどを使っている場合、速度制限が行われていないかチェックしましょう。容量については、モバイルアプリやWebブラウザーで確認できます。

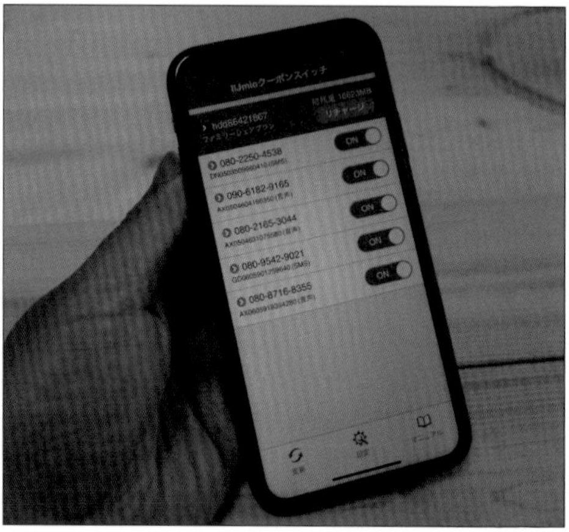

3 Wi-Fiなどの環境によっては、多くの端末でネットワークに接続すると、通信速度に影響が出る場合もあります。プリンターなど、現在使っていない端末があれば、電源をオフにするなどして、ネットワークから切断してみましょう。

Canon

違う端末でZoomに参加する

1 端末の調子が悪い場合、別の端末でZoomに参加してみるといいでしょう。Wi-Fiをオフにしてモバイル通信を使うことで改善することもあります。

Memo アプリのバージョンアップも忘れずに

Zoomのクライアントアプリのバグなどによって、不具合が生じることもあります。常に最新版のアプリを使うようにしましょう（Sec.60参照）。

Zoom の更新
更新可能！
新バージョン5.0.2 (24046.0510)が利用可能です。現在利用しているのは4.6.11 (20559.0413)です。
Release notes of 5.0.2 (24046.0510)
Changes to existing features
-Enhanced privacy design in contact details and user profile page
Resolved issues
-Minor bug fixes
Release notes of 5.0.1 (23502.0430):
New and enhanced features
-Support for setting to disable Personal Meeting ID (PMI)
Resolved issues
-Minor Bug Fixes
Release notes of 5.0.0 (23168.0427):
更新
後で

Section 64 スッピンの顔を見られたくない！

Zoomのためだけにお化粧するのも面倒……。そんな時にはSnap Cameraを使うと便利です。Zoomに表示される「顔」にエフェクトをかけてくれるのでスッピンでも安心です。

Snap Cameraをインストールする

① Snap Cameraのサイト（https://snapcamera.snapchat.com/）にアクセスし、「Download」をクリックします。必要な項目を入力し、「DOWNLOAD FOR PC」をクリックします。

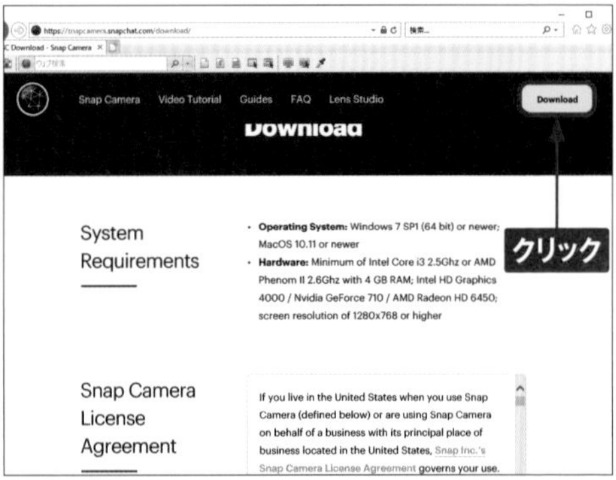
Snap Camera
Video Tutorial
Guides
FAQ
Lens Studio
Download
Download
System Requirements
Operating System: Windows 7 SP1 (64 bit) or newer; MacOS 10.11 or newer
Hardware: Minimum of Intel Core i3 2.5Ghz or AMD Phenom II 2.6Ghz with 4 GB RAM; Intel HD Graphics 4000 / Nvidia GeForce 710 / AMD Radeon HD 6450; screen resolution of 1280x768 or higher
クリック
Snap Camera License Agreement
If you live in the United States when you use Snap Camera (defined below) or are using Snap Camera on behalf of a business with its principal place of business located in the United States, Snap Inc.'s Snap Camera License Agreement governs your use.

② ダウンロードが完了したら、「実行」をクリックし、アプリをインストールします。

Tutorial
Guides
FAQ
Lens Studio
Download
Snap in writing. Snap may make the Snap Camera Software and Documentation (collectively, "Snap Camera") available via download or by any other means
I have read the Privacy Policy and agree to the Snap Camera License Agreement and the Terms of Service.
By entering my email address, I consent to receive marketing emails about Snap Camera, as well as other Snap products and services.
Email:
クリック
私はロボットではありません
reCAPTCHA
行う操作を選んでください。
実行
保存
キャンセル

Snap CameraをZoomで使う

1 Zoomのクライアントアプリで「設定」画面を開きます。

2 「ビデオ」項目で「カメラ」のリストからSnap Cameraをクリックします。これで、エフェクトが有効になります。

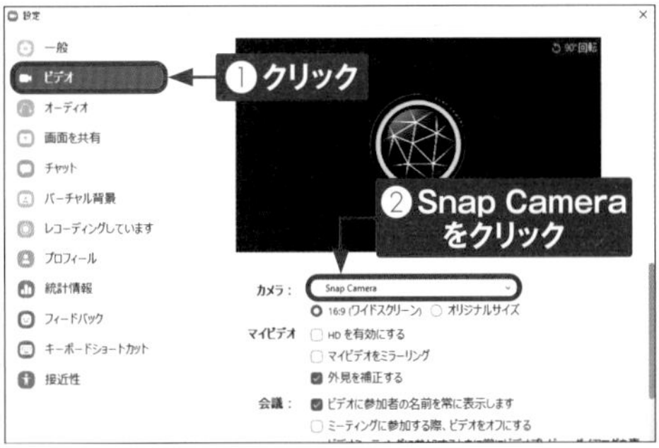

3 エフェクトを変更するには、Snap Cameraアプリから行います。

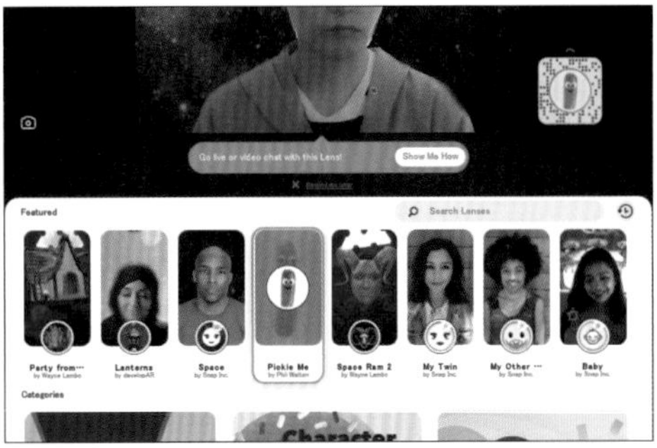

Memo **Snap Cameraがうまく動かない時には…**

パソコンを再起動したり、アプリを最新版にしたりすると、動作する場合もあります。詳しくは、Snap Cameraのサイトから最新情報を入手してください。

Section 65
バーチャル背景に人物が溶け込んでしまう!

Sec.38で説明したとおりにバーチャル背景を使おうと思っても、背景と人物が溶け込んでしまうことがあります。このような場合には、背景用のグリーンシートを用意しましょう。100円ショップなどで販売されているブルーシートを使うこともできます。

ブルーシートを背景にする

1 シートを購入し、Zoomの背景がすっぽり覆われるようにセットします。ここではブルーシートを使っています。

2 Zoomのクライアントアプリの「設定」を開き、「バーチャル背景」をクリックします。

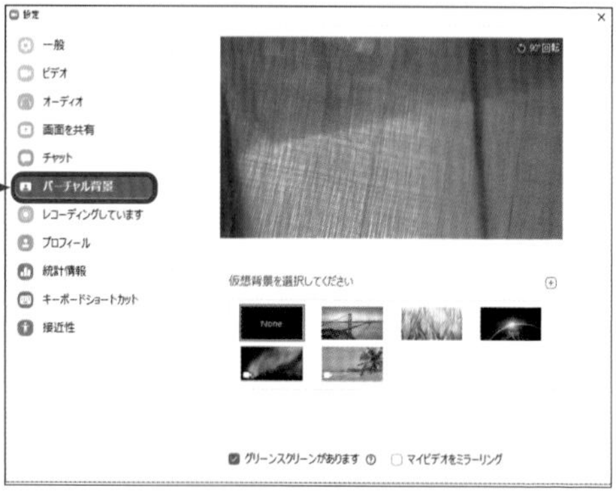

③ 「グリーンスクリーンがあります」をクリックします。

④ 設定したいバーチャル背景をクリックします。

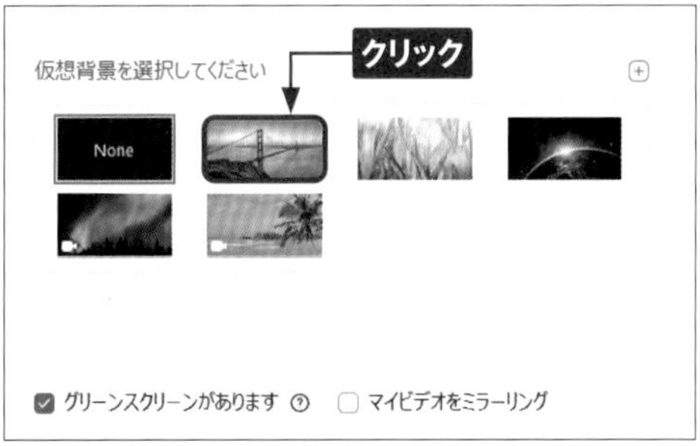

⑤ バーチャル背景と人物がきちんと表示されました。

Memo 背景色を設定する

背景色がうまく検出されない場合には、背景色を手動で設定しましょう。映し出されているシートを見ながら、背景色に設定したい部分をクリックしましょう。

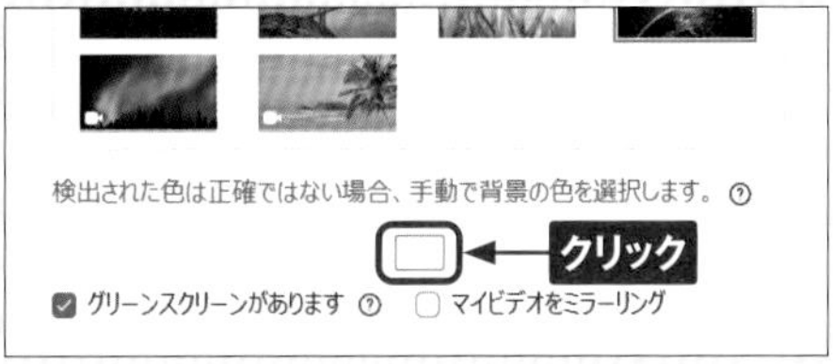

Section 66

英語表示のメニューを日本語表示にしたい!

Zoomを起動するとメニューなどが「英語」で表示される場合があります。Zoomは多言語に対応しているため、設定が「英語」になっているのが原因です。ここでは言語の設定を変更する方法を紹介します。

設定を変更する

1. Zoomのクライアントアプリを起動し、表示を確認します。

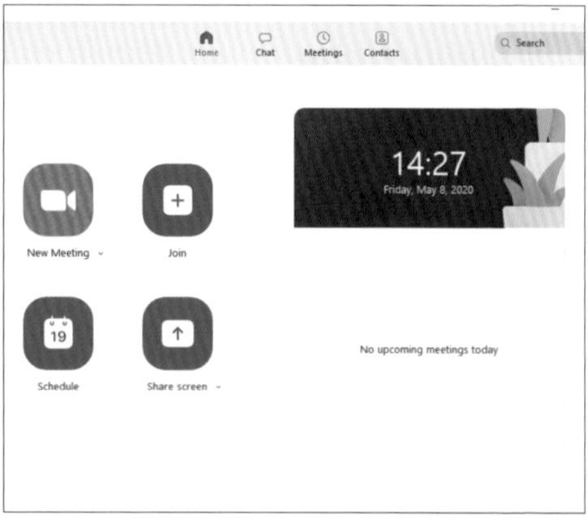

2. タスクバーの^をクリックします。

3 Zoomのアイコンを右クリックします。

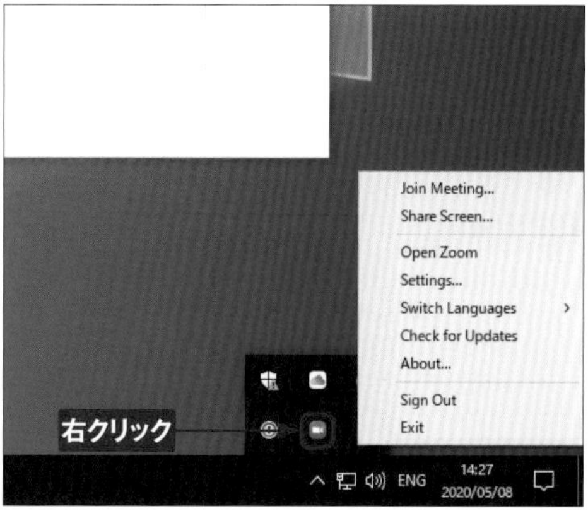

4 「Switch Languages」をクリックし、「日本語」をクリックします。

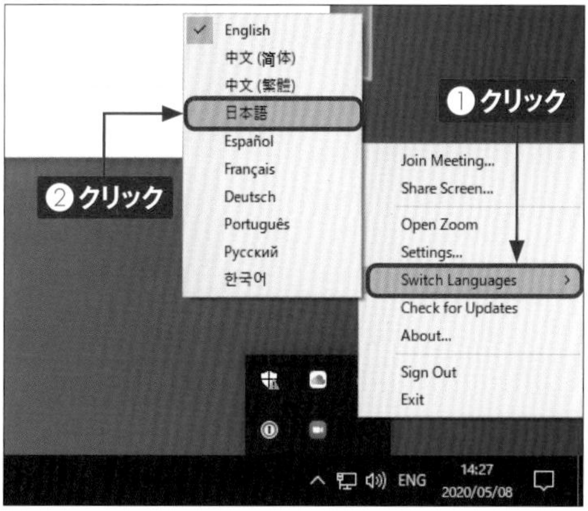

5 Zoomが再起動し、メニューなどが日本語表示になります。

Section 67

音が出ない!

Zoomを立ち上げて、ミーティングをしているのに「音」が聞こえない場合があります。さまざまな理由が考えられますが、ここでは代表的なトラブルシューティングを紹介します。

パソコンで音が出ない

1 マイクのアイコンをクリックし、ミュートを解除します。

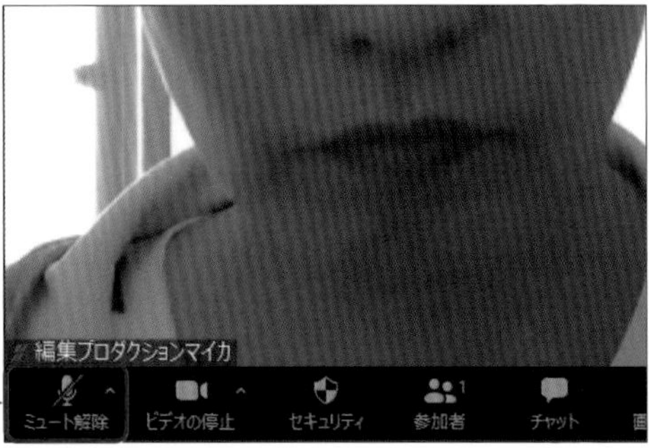

2 一旦、退出したあと、再度ミーティングに参加し、「オーディオに参加する」をクリックします。

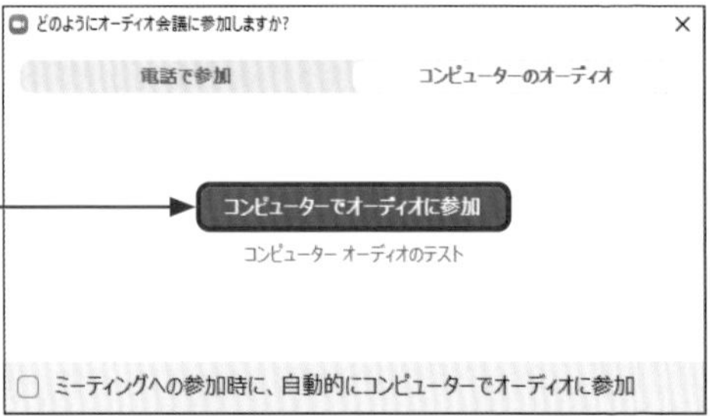

Memo スピーカーとマイクをテストする

Zoomのクライアントアプリで設定画面を開き「オーディオ」をクリックすると、スピーカーやマイクのテストを実施できます。ミーティングを始める前に、あらかじめテストをしておくと安心です。

③ Skypeなど、Zoom以外のアプリを起動している場合、Zoomで音声が出ない場合があります。この場合、Zoom以外のアプリを終了しましょう。

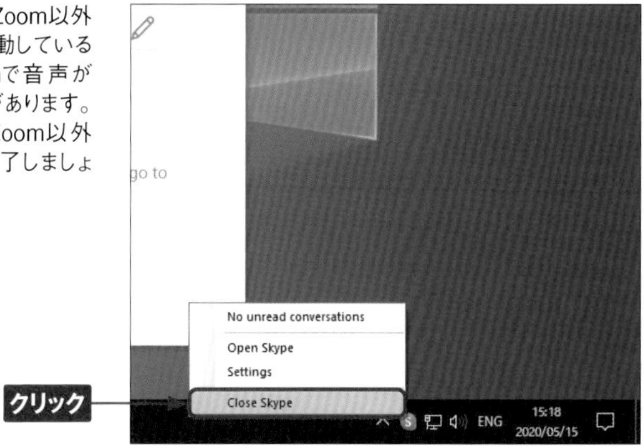

④ マイクが使用可能な状態かどうかをチェックします。マイクが搭載されていないパソコンを使う場合は、外付けのマイクを使用しましょう〔写真はUSBマイク機能があるDR-05X（ティアック）〕。

⑤ スピーカーの音量が小さいと、音が聞こえません。パソコンのスピーカーの設定を確認してください。

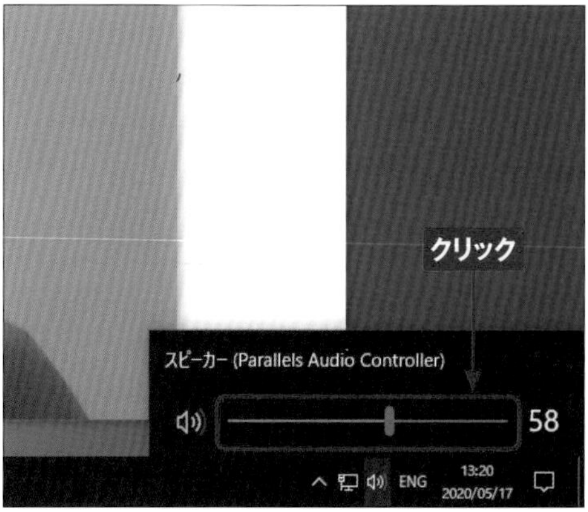

スマートフォンで音が出ない

① パソコンの場合と同様に「マイク」のミュートを確認します。ミュートになっている場合、ミュートを解除します。

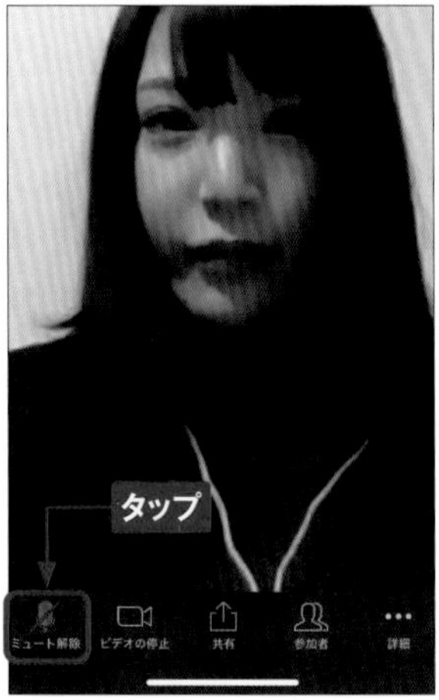

② スマホ本体の「音量」がゼロになっている場合があります。この場合、スマホの本体の音量を上げてください。

③ Zoomアプリの起動時に「インターネットを使用した通話」を選びます。

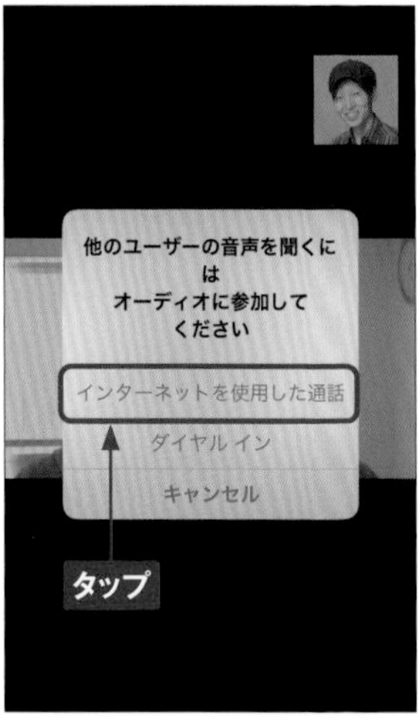

④ イヤホンを使っている場合、イヤホンを再度抜き差しするか、ほかのイヤホンに変更します。

5 インターネットの接続が不安定な場合、音声が聞こえにくい場合もあります。Wi-Fiに再接続したり、LTEなどの速い回線に接続してみましょう。

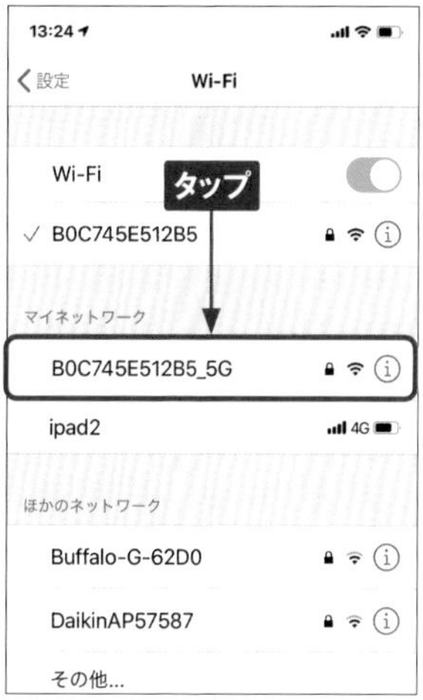

6 みんなの音声は聞こえるけど、自分の声が聞こえていない、という場合、スマホの「設定」を確認します。Zoomアプリで「マイク」の利用を許可しているかチェックしましょう。

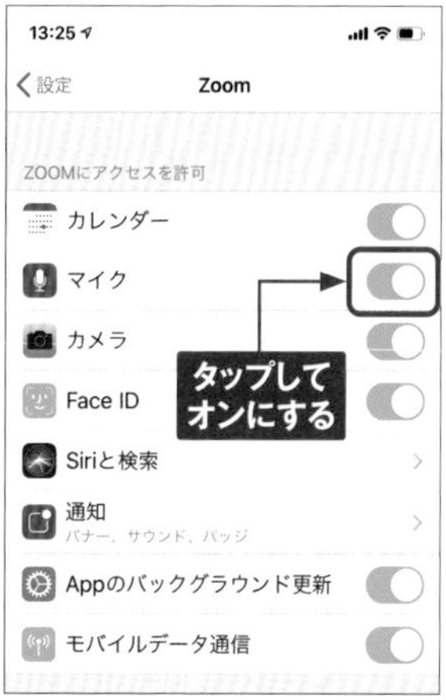

7 Bluetoothヘッドセットを使っている場合、Bluetoothで接続されているかどうかをチェックしてください。ペアリングしていても接続されていない場合には、Bluetoothの設定から「接続」してみましょう。

8 いろいろ試しても音が聞こえない場合、一度「退出」し、再度ミーティングに入り直すことで改善することがあります。

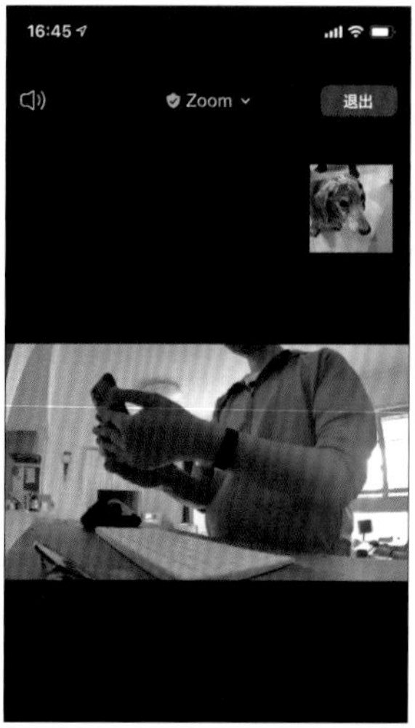

Section 68 毎回、同じURLでミーティングを開きたい!

Zoomではミーティングを開催するたびにIDやパスワード、URLが発行されますが、定期的に行うミーティングの場合は同じメンバーで行うため、特定のIDとパスワード、URLを使ったほうが便利です。

定期的なミーティングを作成する

1 Zoomのクライアントアプリを起動し、「スケジュール」をクリックします。

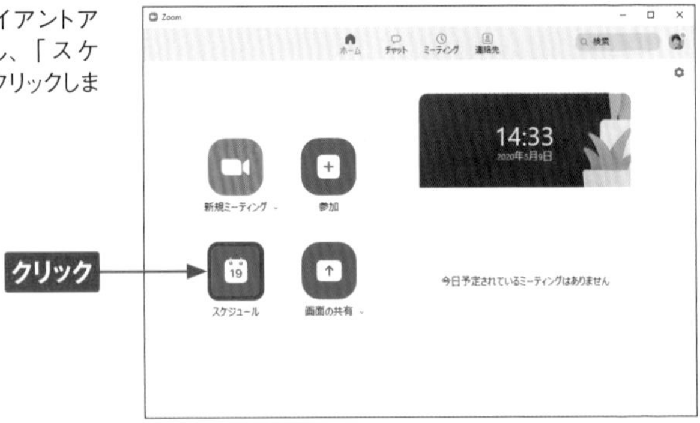

2 「定期的なミーティング」をクリックし、チェックを入れます。

③ Sec.21を参考に、パスワードやカレンダーの入力・設定をし「スケジュール」をクリックします。

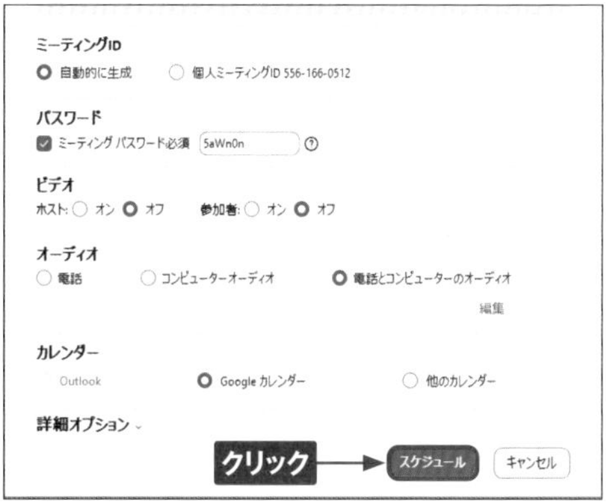

④ カレンダーアプリが起動するので、ミーティングを実施する日程を入力します。この情報を参加者に共有すれば、いつも同じ場所（URL）でミーティングを実施できます。

Memo 「PMI」と「定期的なミーティング」の違い

PMI（パーソナルミーティングID）とは、自分専用に設定されたIDのこと。これを使うことでも、毎回、同じIDでミーティングを開くことができます。ただし、このIDはずっと変わらないため（無料プランの場合）、第三者に漏洩するとミーティング中に勝手に参加されてしまったり、妨害行為が行われたりするかもしれません。無料プランの人は、家族やプロジェクトメンバーなど、ごく限られた人だけPMIを伝えるようにしましょう。取引先やウェビナーなどで固定IDが必要な時は、「定期的なミーティング」でミーティングIDを作成したほうが安全です。

PMIで新規ミーティングを開催するには、「新規ミーティング」の右にある▼をクリックし、「マイパーソナルミーティングID（PMI）を使用」をクリックします。

Section

69 特定の相手とだけ話がしたい!

特定の相手だけに話したい場合は「プライベートチャット」を使いましょう。プライベートチャットは、ほかの人に知られることなく、特定の相手だけにテキストでメッセージを送る機能です。

プライベートチャットを有効にする

1 Zoomのサイトにサインインし「設定」→「ミーティング」をクリックします。

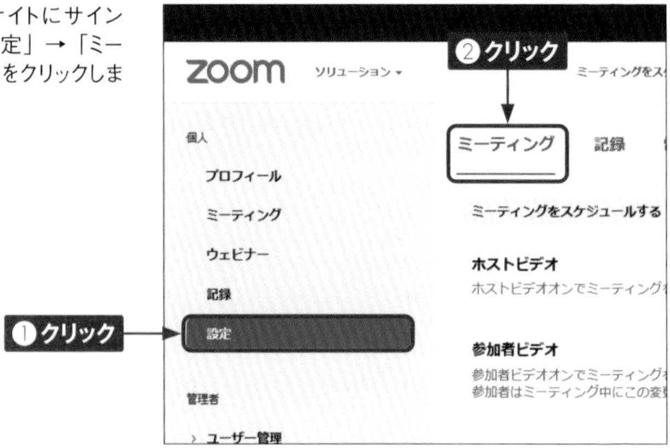

2 「チャット」と「プライベートチャット」をオンにします。

プライベートチャットを使う

1 Zoomのミーティング画像で「チャット」をクリックします。

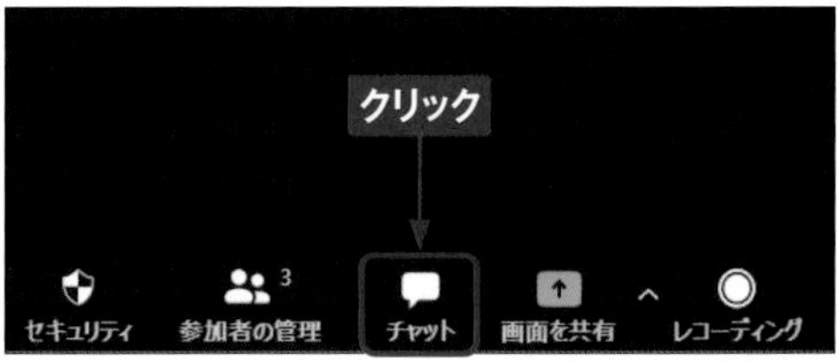

2 チャット画面が開いたら、送信先をクリックします。

3 チャットをしたい相手を選び、送信するメッセージを入力します。

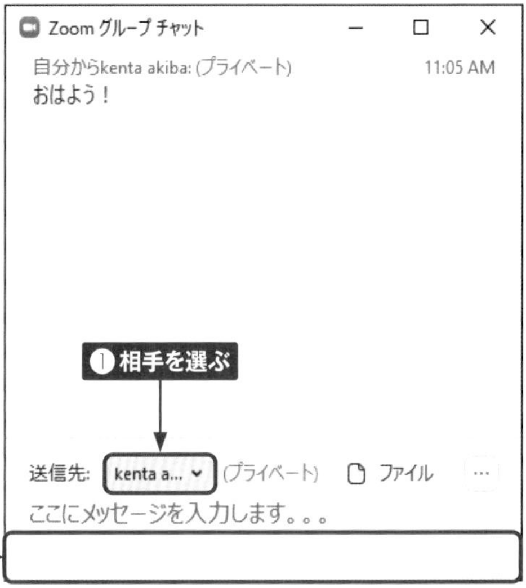

Memo **チャットが「制限」されている場合**

チャットが制限されているときは、ホストのチャット画面で「…」をクリックし、「全員をパブリックおよびプライベートに」を選択します。これでプライベートチャットが使えるようになります。

Section 70 ウェビナーの講師に匿名で質問をしたい!

ウェビナーでは、講師やパネリストに質問することができます。匿名で質問することも可能です。ここではウェビナーで質問を受けつけるための設定や、参加者が匿名で質問する方法を紹介します。

ウェビナーで質問を受け付ける設定にする

1. Zoomのサイトにサインインし、「ウェビナー」をクリックし、「ウェビナーをスケジュールする」をクリックします。

2. ウェビナーの開始日時などの情報を入力し、「質疑応答」のチェックを入れ、ウェビナーを作成します。

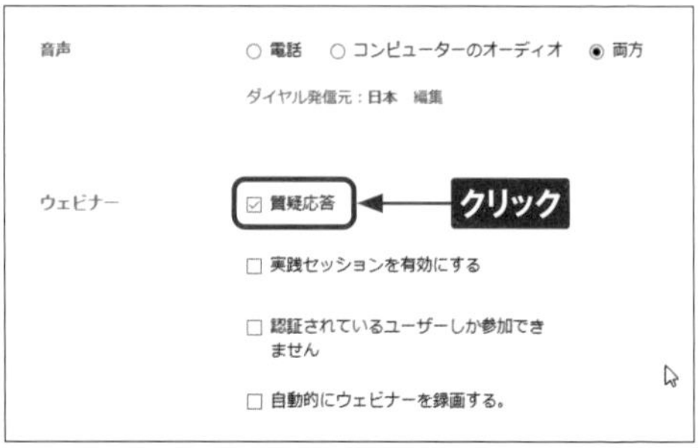

Memo 既存のウェビナーの質疑応答の設定を確認する

既存のウェビナーをクリックし、「質疑応答」タブをクリックすることで、質疑応答の設定を変更できます。「匿名での質問を許可する」のチェックを入れると、質疑応答が可能になります。

参加者が匿名で質問をする

1 Q&Aのアイコンをクリックします。

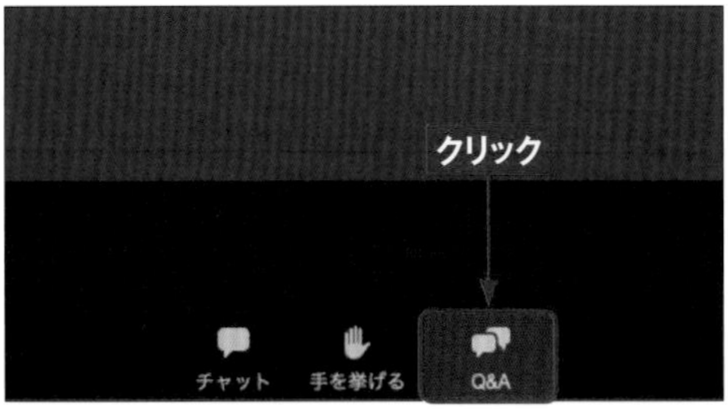

2 質問事項を入力し、「匿名で送信」のチェックを入れ、「送信」をクリックします。

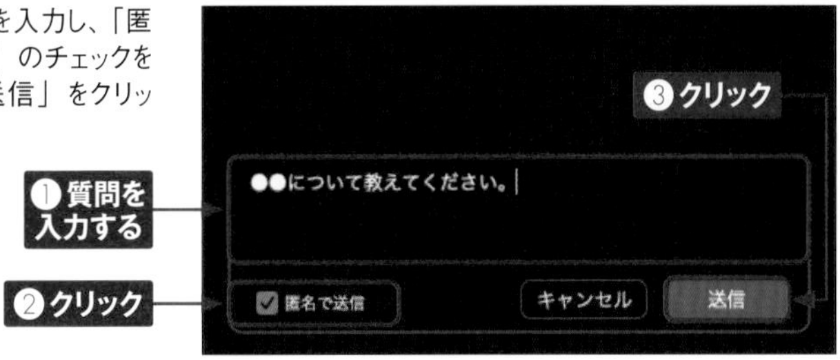

主催者やパネリストが、匿名の質問に答える

1 「Q&A」のアイコンをクリックします。

2 「回答を入力」をクリックし、チャット画面で回答を入力していきます。

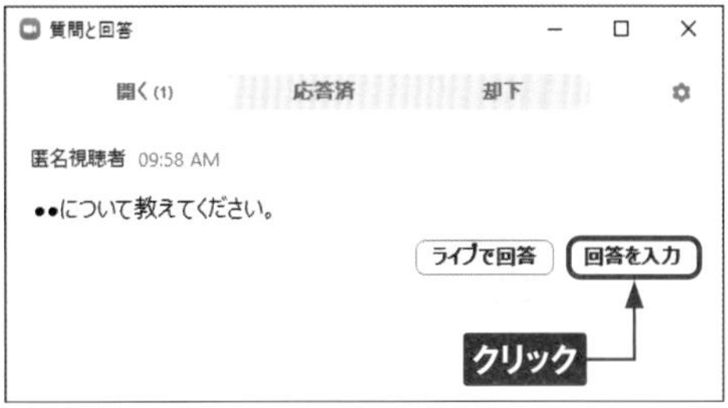

Section **71**

セキュリティを高めたい！

Zoomは多くの人が使っているため、悪意のある第三者のターゲットになってしまうリスクもあります。ここでは、Zoomの設定を見直すことで、より高いセキュリティを確保する方法を紹介します。

Zoomのサイトでセキュリティ設定を行う

① Zoomのサイトにサインインし、「設定」をクリック。「ワンクリックで参加できるように、ミーティングリンクにパスワードを埋め込みます」をオフにします。こうすることで、ミーティングに参加する際にパスワードの入力が必要になります。たとえURLが漏えいしても、攻撃者がミーティングに参加できなくなります。

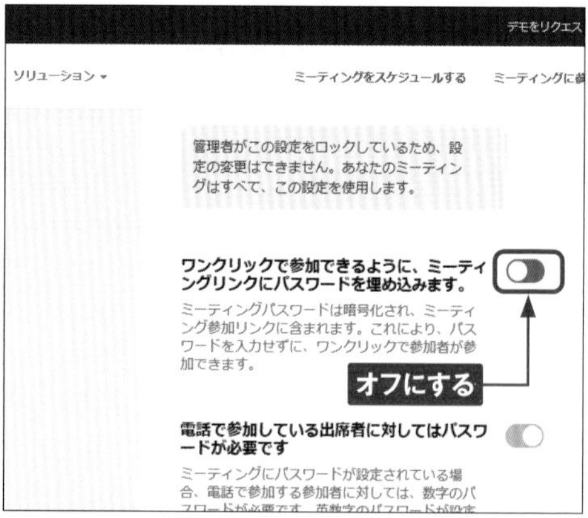
デモをリクエス
ソリューション ▾
ミーティングをスケジュールする
ミーティングに
管理者がこの設定をロックしているため、設定の変更はできません。あなたのミーティングはすべて、この設定を使用します。
ワンクリックで参加できるように、ミーティングリンクにパスワードを埋め込みます。
ミーティングパスワードは暗号化され、ミーティング参加リンクに含まれます。これにより、パスワードを入力せずに、ワンクリックで参加者が参加できます。
オフにする
電話で参加している出席者に対してはパスワードが必要です
ミーティングにパスワードが設定されている場合、電話で参加する参加者に対しては、数字のパ

② Zoomのサイトにサインインし「設定」をクリックします。「画面の共有機能」の項目の「ホストのみ」をチェックします。こうすることで、参加者が勝手に画面を共有し、ミーティングを妨害することを未然に防ぐことができます。

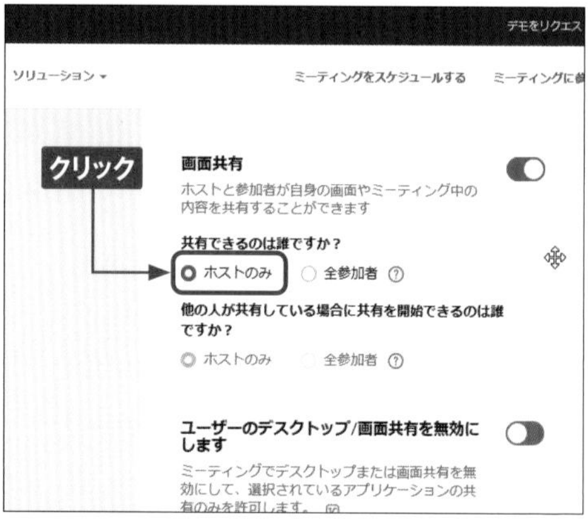
デモをリクエス
ソリューション ▾
ミーティングをスケジュールする
ミーティングに
クリック
画面共有
ホストと参加者が自身の画面やミーティング中の内容を共有することができます
共有できるのは誰ですか？
ホストのみ
全参加者
他の人が共有している場合に共有を開始できるのは誰ですか？
ホストのみ
全参加者
ユーザーのデスクトップ/画面共有を無効にします
ミーティングでデスクトップまたは画面共有を無効にして、選択されているアプリケーションの共有のみを許可します。

③ Zoomのサイトにサインインし「設定」をクリックします。「注釈」機能をオフにします。こうすることで、共有画面に想定しない情報を加えられることを防ぐことができます。

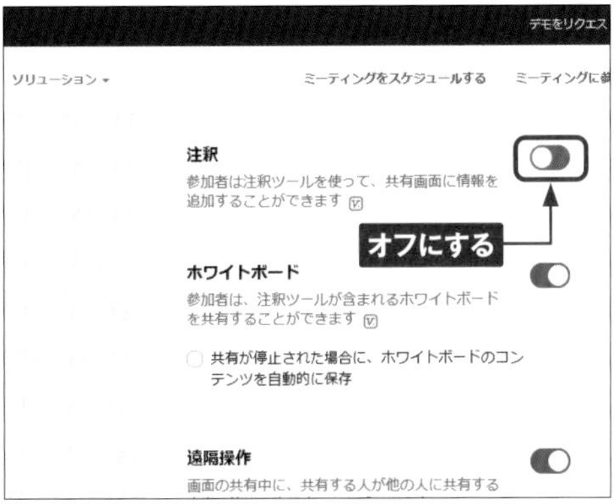

スケジュール作成時に設定

① ミーティングのスケジュールを作成する際に「ミーティングID」で「自動的に生成」を選択します。ミーティングIDがランダムな値になり、攻撃者のターゲットになりにくくなります。

② ミーティングのスケジュールを作成する際、「認証されているユーザーしか参加できません：Zoomにサインイン」のチェックを入れます。こうすることで、Zoomにサインインしていないユーザーがミーティングに参加できなくなります。この機能は有料プランのみ使えます。

悪質な参加者をミュートする

1 Zoomのミーティング画面で「参加者の管理」をクリックします。

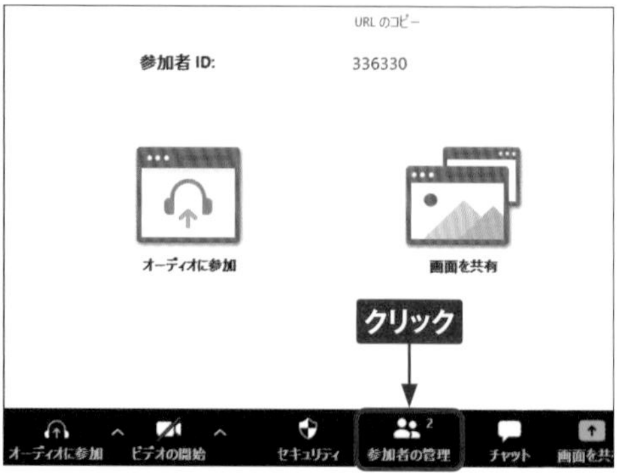

2 ミュートしたい参加者を選択し、「ミュート」をクリックします。

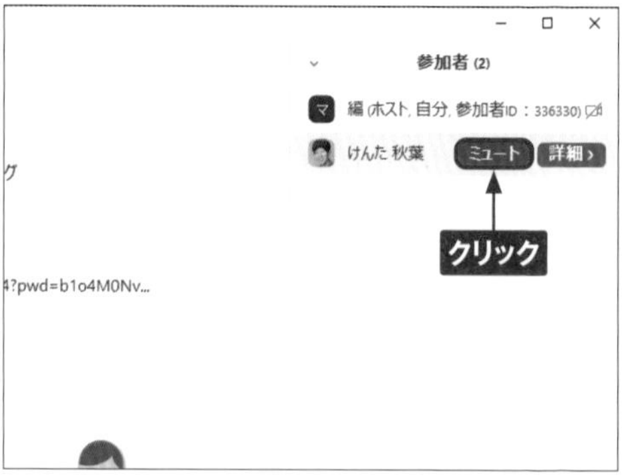

ミーティングをロックする

1 予定している参加者がミーティングに参加している場合、ミーティングをロックすることで、想定していない新たな参加者がミーティングに入れなくなります。ミーティングをロックするには、Zoomアプリで「参加者の管理」をクリックし、「…」をクリックします。

2 「ミーティングをロックする」をクリックすると、ほかの人が入れなくなります。

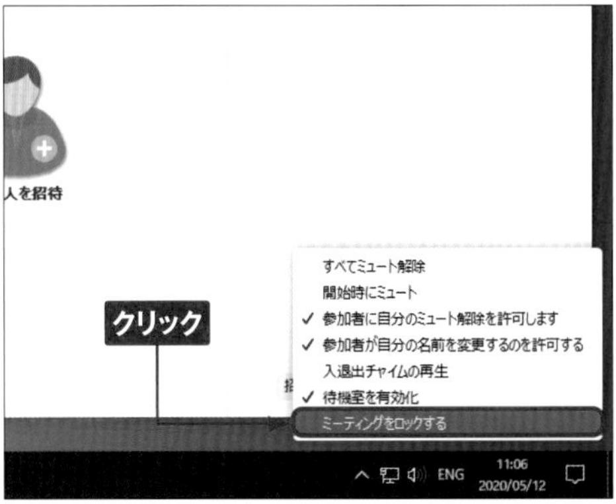

邪魔をする参加者をミーティングから退出させる

1 邪魔をする参加者がいる場合、ホストはその参加者を待機室に送ったり、ミーティングから退出させたりすることができます。Zoomアプリで「参加者の管理」をクリックし、邪魔をする参加者にマウスカーソルを合わせ「詳細」をクリックします。

2 「詳細」をクリックし、「待機室に送る」または「削除」をクリックします。

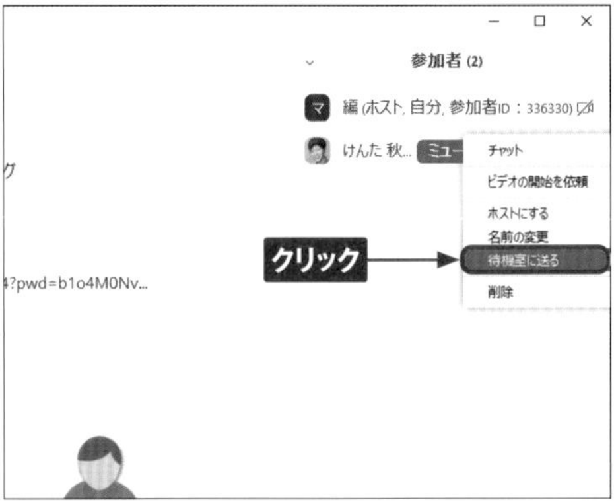

索引

アルファベット

Box ……………………………………67
Calendly ……………………………120
Dropbox ……………………………112
Googleドライブ（Drive）…………67、110
OneDrive ……………………………67
Outlook ……………………………118
PMI ……………………………………149
Skype ………………………………145
Slack …………………………………108
Snap Camera ………………………138
SSID …………………………………129
Strict Workflow ……………………116
Trello ………………………………114
USBカメラ …………………………135
Webカメラ……………………10、124
YouTube ……………………………102

あ行

アウトカメラ …………………………24
アカウント ……………………14、18
アカウントタイプ ……………………14
アカウントのアップグレード ………18
アカウントの切り替え ………………86
イヤホン ………………………13、146
インカメラ ……………………………24
ウェビナー ……………15、104、152
映像をオフ ……………………………44
オーディオ ……………………22、144
オンラインセミナー ………………104

か行

カメラの切り替え …………………125
画面（の）共有 ………21、56、79、112
画面ミラーリング ……………………59
ギャラリービュー …………24、36、39
共同ホスト機能 ………………………15
共有の停止 ……………………57、79、81
クラウド …………………………24、54
個人ミーティングID …………………77

さ行

サインアップ …………………………18
サインイン ……………18、20、72、87
参加者の管理 …………………………21
時間管理 ……………………………116
字幕 ……………………………………62
招待 ………………19、52、76、106
招待URL ………………………………30
招待メール ……………………26、28
スケジュール ………20、48、53、155
スケジュール共有 …………………118
スケジュール予約 …………………120
スピーカー ……………………22、144
スピーカービュー ……………………36
スポットライトビデオ ……………100
セキュリティ ……………21、94、154
セキュリティソフト ………………132
外付けカメラ …………………………12
外付けスピーカー ……………………12

た行

待機室 ……………………15、29、157
退出 ……………………46、68、75、157
タスク共有 ……………………114
チャット ……………………21、40、92、108、151
定期的なミーティング ……………………148
テスト ……………………22、32、144
手を挙げる ……………………90

な行

ノイズキャンセリング ……………………123

は行

パーソナルミーティングID ……………………73、149
バーチャル背景 ……………………34、82、140
パスワード ……………………28
反応 ……………………21
パネリスト ……………………106、153
ビデオウェビナー ……………………104
ビデオキャプチャーカード ……………………10
ビデオサムネイル ……………………10
ビデオの停止／開始 ……………………21、44
ビデオ付きで参加 ……………………30
ビデオなしで参加 ……………………30
表示名 ……………………88
ファイアウォール ……………………132
ファイル共有 ……………………78、110
プライベートチャット ……………………150
プライベートメッセージ ……………………40
プラグイン ……………………58、118
ブルーシート ……………………140
ブレイクアウトルーム ……………………64
ヘッドセット ……………………13、122、147
ホスト（主催者） ……………………14、48、76
ポモドーロテクニック ……………………116
ホワイトボード ……………………60、80

ま行

マイク ……………………12、22、144
ミーティングID ……………………28、74、149、155
ミーティングコントロール ……………………75
ミーティングの終了 ……………………21、68
ミーティングパスワード ……………………77
ミーティングを退出 ……………………46、68
ミーティングをロック ……………………21、156
ミュート ……………………21、42、75、98、144、156
ミュート解除 ……………………98
無料プラン ……………………8、149
メッセージサービス ……………………52

や行

有料アカウント ……………………102、104
有料プラン ……………………8、155

ら行

ライブ（ストリーム）配信 ……………………102
リモート操作 ……………………96
利用時間の制限 ……………………15
レコーディング ……………………21、54
録画 ……………………15、21、24、54

お問い合わせについて

本書に関するご質問については、本書に記載されている内容に関するもののみとさせていただきます。本書の内容と関係のないご質問につきましては、一切お答えできませんので、あらかじめご了承ください。また、電話でのご質問は受け付けておりませんので、必ずFAXか書面にて下記までお送りください。
なお、ご質問の際には、必ず以下の項目を明記していただきますようお願いいたします。

1 お名前
2 返信先の住所またはFAX番号
3 書名（ゼロからはじめる　Zoom　基本＆便利技）
4 本書の該当ページ
5 ご使用のソフトウェアのバージョン
6 ご質問内容

なお、お送りいただいたご質問には、できる限り迅速にお答えできるよう努力いたしておりますが、場合によってはお答えするまでに時間がかかることがあります。また、回答の期日をご指定なさっても、ご希望にお応えできるとは限りません。あらかじめご了承くださいますよう、お願いいたします。ご質問の際に記載いただきました個人情報は、回答後速やかに破棄させていただきます。

お問い合わせの例

FAX

1 お名前
技術　太郎

2 返信先の住所またはFAX番号
03-XXXX-XXXX

3 書名
ゼロからはじめる
Zoom
基本＆便利技

4 本書の該当ページ
60ページ

5 ご使用のソフトウェアのバージョン
Zoomクライアント 5.0.5

6 ご質問内容
手順3の画面が表示されない

お問い合わせ先

〒162-0846
東京都新宿区市谷左内町21-13
株式会社技術評論社　書籍編集部
「ゼロからはじめる　Zoom　基本＆便利技」質問係
FAX番号　03-3513-6167
URL：https://book.gihyo.jp/116

ゼロからはじめる Zoom《ズーム》　基《き》本《ほん》&《アンド》便《べん》利《り》技《わざ》

2020年8月　4日　初版　第1刷発行
2020年9月　3日　初版　第3刷発行

著者……マイカ
発行者……片岡　巌
発行所……株式会社　技術評論社
東京都新宿区市谷左内町21-13
電話……03-3513-6150　販売促進部
03-3513-6160　書籍編集部
編集……マイカ
担当……伊東　健太郎
協力……松村　武宏
装丁……菊池　祐（ライラック）
本文デザイン……リンクアップ
本文イラスト……三井　俊之
DTP……内藤　真理
製本／印刷……図書印刷株式会社

定価はカバーに表示してあります。

落丁・乱丁がございましたら、弊社販売促進部までお送りください。交換いたします。

ISBN978-4-297-11492-3 C3055

Printed in Japan